语音识别基本法
Kaldi实践与探索

汤志远　李蓝天　王东　蔡云麒　石颖　郑方　著

电子工业出版社
Publishing House of Electronics Industry
北京·BEIJING

内容简介

语音是新一代人机交互的方式，语音识别是实现这一方式的关键环节，也是实现人工智能的基本步骤之一。

本书结合当下使用广泛的 Kaldi 工具，对语音识别的基本概念和流程进行了详细的讲解，包括 GMM-HMM、DNN-HMM、端到端等常用结构，并探讨了语音识别在实际应用中的问题，包括说话人自适应、环境鲁棒性、小语种语音识别、关键词识别与嵌入式应用等，也对语音识别技术的相关前沿课题进行了介绍，包括说话人识别、语种识别、情绪识别、语音合成等。

本书的写作以让读者快速、直观地理解概念为目标，只展示最基本的数学公式，同时注重理论与实践相结合，在对语音技术各个概念的讲解中都展示了相应的 Kaldi 语音处理命令，以便让读者进一步融会贯通。

本书适用于语音识别及相关技术的初学者、在校学生，以及基于 Kaldi 进行产品研发的同仁，也可以作为语音技术从业者的参考书籍。

未经许可，不得以任何方式复制或抄袭本书之部分或全部内容。
版权所有，侵权必究。

图书在版编目 (CIP) 数据

语音识别基本法：Kaldi 实践与探索 / 汤志远等著. -- 北京 : 电子工业出版社，2021.2
ISBN 978-7-121-40478-8

Ⅰ. ①语… Ⅱ. ①汤… Ⅲ. ①语音识别－软件包 Ⅳ. ① TN912.34

中国版本图书馆 CIP 数据核字 (2021) 第 012437 号

责任编辑：董　英
印　　刷：北京东方宝隆印刷有限公司
装　　订：北京东方宝隆印刷有限公司
出版发行：电子工业出版社
　　　　　北京市海淀区万寿路 173 信箱　　邮编：100036
开　　本：720×1000　1/16　　　　印张：16　字数：307 千字
版　　次：2021 年 2 月第 1 版
印　　次：2021 年 2 月第 1 次印刷
定　　价：89.00 元

凡所购买电子工业出版社图书有缺损问题，请向购买书店调换。若书店售缺，请与本社发行部联系，联系及邮购电话：(010) 88254888，88258888。
质量投诉请发邮件至 zlts@phei.com.cn，盗版侵权举报请发邮件至 dbqq@phei.com.cn。
本书咨询联系方式：010-51260888-819，faq@phei.com.cn。

推荐序

人与人之间最主要的交流方式是语言。要实现人与机器之间更便捷的交互，语言是一种理想的方案。语音识别，是实现这个目标的关键一环。

从当下整个人工智能行业来看，语音识别是发展迅猛且接近成熟的领域之一。由于其应用广泛，所以社会对语音识别技术人才的需求相当迫切。不管是面向学校教学还是自学阅读，系统而通俗地介绍语音识别技术的书籍都会拥有相当多的读者。

这本书对语音识别的基本概念和工作流程做了详细的介绍，并搭配使用了一种开源语音工具——Kaldi，引导读者从无到有地搭建一套语音识别系统。现实中的生活场景复杂多变，语音识别的应用需要因地制宜、灵活应对，故本书对语音识别在真实使用环境中的若干问题和相关前沿课题也进行了全面的讲解，并配合丰富生动的实践案例，深化读者对概念、理论和算法的理解。

本书比较注重概念的直观理解和可操作性，尽量避免了繁重的论述，适合初学者快速了解整个语音研究领域的全景图，并且较为深入、具体地了解语音识别技术。相信很多读者会从本书获得启发和切实的帮助。

本书作者之一汤志远是我的学生，他读博时曾到清华大学的语音和语言技术中心交流学习，从零开始进入语音识别研究领域，这本书恰恰也可以看作他对整个学习过程的总结。我很高兴看到这期间他的进步和成长。

中国科学院院士
2020 年 12 月 30 日

前言

几年来，我们所在实验室接收了很多语音识别技术领域的新人，有在校读书的学生，也有工作过一段时间的工程师。刚开始我们传递语音技术的方式仅限于口口相传，慢慢地我们意识到这种方式的可复制性太低，费时费力，而且没有体系，不利于长久的知识积淀和传承。于是，我们有了写一本语音识别技术笔记的想法，以供后来的新手自学，也可以作为实验室积累知识和经验的载体。

独乐乐不如众乐乐，从一开始，我们就将语音识别技术笔记共享在实验室主页上，供实验室以外的人阅读和讨论，一有新版本就会及时发布。这样做，一方面可以与更多的人分享技术经验，另一方面也希望同仁们能够反馈一些好的建议。

写作的过程是循序渐进的，随着我们的学术积累、教学经验和产业合作日益增多，我们对语音识别技术的理解也日益深入，这本笔记也随之逐渐丰满起来。我们觉得可以将其装订成书，传播出去，让更多读者受益，也是对这本笔记所做的一个仪式性"转正"，于是有了这本《语音识别基本法：Kaldi 实践与探索》。

语音识别所处理的对象是非常抽象的语音信号，这种信号看不到、摸不着、转瞬即逝，却包含极其丰富的信息。从这种语音信号中识别出发音内容，会涉及信号处理、语音学、语言学、模式识别、信息论等多领域的复杂知识，如果没有从一开始就形成一个清晰的概念框架，就会走很多弯路。

本书的初衷就是使语音识别技术初学者能够快速地掌握语音识别技术的基本概念和流程，同时也能够对语音识别在实际应用中的问题和相关前沿课题有所了解。我们中有几位是从学校毕业不久的青年学者，对语音识别技术学习中的入门困难有切身体会，也希望把解决这些困难的思路和方法传递给其他初学者。

本书的内容由浅入深，适合零基础的读者从头开始学习。为了进一步地理解本书的内容，读者需要对线性代数、概率论、信号处理及机器学习（特别是深度学习）等基础知识有一定了解。

同时，为了顺利地使用 Kaldi 工具进行实验，读者需要熟悉 Linux 系统的基本操作。

这本书的顺利出版是多方共同努力的结果。感谢前期对这本书进行材料收集、整理和编写的同学，包括（排名不分先后）：杜文强、吴嘉瑶、齐诏娣、于嘉威、董文伟、周子雅、孙浩然、李开诚、王雪仪、李恪纯等。感谢电子工业出版社有限公司的南海宝老师及其他同事的辛勤付出。同时，作者水平有限，书中难免会有错误，还请读者朋友们指正。

作者

于清华大学

2020 年 12 月 31 日

读者服务

微信扫码回复：40478

- 获取各种共享文档、线上直播、技术分享等免费资源
- 加入本书读者交流群，与作者互动
- 获取博文视点学院在线课程、电子书 20 元代金券

目 录

I 语音识别基础

1 语音是什么 ... 2
- 1.1 大音希声 — 2
- 1.2 产生语音 — 4
- 1.3 看见语音 — 5
- 1.4 小结 — 8

2 语音识别方法 ... 9
- 2.1 总体思路 — 10
- 2.2 声学模型 GMM-HMM — 12
  - 2.2.1 HMM — 12
  - 2.2.2 GMM — 14
  - 2.2.3 训练 — 15

2.3	声学模型 DNN-HMM	16
2.4	语言模型	18
	2.4.1　N-Gram	18
	2.4.2　RNN 语言模型	18
2.5	解码器	20
2.6	端到端结构	22
	2.6.1　CTC	23
	2.6.2　RNN-T	26
	2.6.3　Attention	27
	2.6.4　Self-Attention	29
	2.6.5　CTC+Attention	31
2.7	开源工具和硬件平台	32
	2.7.1　深度学习平台	32
	2.7.2　语音识别工具	33
	2.7.3　硬件加速	34
2.8	小结	36

3	**完整的语音识别实验**	**37**
3.1	语音识别实验的步骤	38
3.2	语音识别实验的运行	46
3.3	其他语音任务案例	47
3.4	小结	47

4	**前端处理**	**48**
4.1	数据准备	48
4.2	声学特征提取	52
	4.2.1　预加重	54

VII

目录

  4.2.2 加窗 54
  4.2.3 离散傅里叶变换（DFT） 55
  4.2.4 FBank 特征 56
  4.2.5 MFCC 特征 57
 4.3 小结 58

5 训练与解码 59
 5.1 GMM-HMM 基本流程 60
  5.1.1 训练 60
  5.1.2 解码 61
  5.1.3 强制对齐 62
 5.2 DNN-HMM 基本流程 63
 5.3 DNN 配置详解 64
  5.3.1 component 和 component-node 65
  5.3.2 属性与描述符 66
  5.3.3 不同组件的使用方法 66
  5.3.4 LSTM 配置范例 76
 5.4 小结 81

II 语音识别实际问题

6 说话人自适应 84
 6.1 什么是说话人自适应 84
 6.2 特征域自适应与声道长度规整 85
 6.3 声学模型自适应：HMM-GMM 系统 87
  6.3.1 基于 MAP 的自适应方法 88
  6.3.2 基于 MLLR 的自适应方法 90

目录

- 6.4 声学模型自适应：DNN 系统 93
  - 6.4.1 模型参数自适应学习 93
  - 6.4.2 基于说话人向量的条件学习 94
- 6.5 领域自适应 95
- 6.6 小结 95

7 环境鲁棒性 97
- 7.1 环境鲁棒性简介 97
- 7.2 前端信号处理方法 98
  - 7.2.1 语音增强方法 99
  - 7.2.2 特征域补偿方法 103
  - 7.2.3 基于 DNN 的特征映射 106
- 7.3 后端模型增强方法 108
  - 7.3.1 简单模型增强方法 108
  - 7.3.2 模型自适应方法 109
  - 7.3.3 多场景学习和数据增强方法 109
- 7.4 小结 110

8 小语种语音识别 111
- 8.1 小语种语音识别面临的主要困难 112
- 8.2 基于音素共享的小语种语音识别 113
- 8.3 基于参数共享的小语种语音识别方法 118
- 8.4 其他小语种语音识别方法 121
  - 8.4.1 Grapheme 建模 121
  - 8.4.2 网络结构与训练方法 121
  - 8.4.3 数据增强 122
- 8.5 小语种语音识别实践 122

		8.5.1	音频数据采集	122
		8.5.2	文本数据采集	122
		8.5.3	文本归一化	123
		8.5.4	发音词典设计	123
	8.6	小结		123
9	**关键词识别与嵌入式应用**			**125**
	9.1	基本概念		125
	9.2	评价指标		127
	9.3	实现方法		129
		9.3.1	总体框架	129
		9.3.2	基于 LVCSR 的 KWS 系统	130
		9.3.3	基于示例的 KWS 系统	132
		9.3.4	端到端的 KWS 系统	133
		9.3.5	滑动窗口	133
	9.4	嵌入式应用		134
		9.4.1	模型压缩	135
		9.4.2	迁移学习	136
		9.4.3	网络结构搜索与设计	137
	9.5	小结		138

III 前沿课题

10	**说话人识别**			**140**
	10.1	什么是说话人识别		140
		10.1.1	基本概念	140
		10.1.2	技术难点	143

		10.1.3	发展历史	143
10.2	基于知识驱动的特征设计			144
10.3	基于线性高斯的统计模型			147
		10.3.1	GMM-UBM	147
		10.3.2	因子分析	150
10.4	基于数据驱动的特征学习			154
		10.4.1	模型结构	156
		10.4.2	训练策略	157
		10.4.3	多任务学习	157
10.5	基于端到端的识别模型			158
10.6	小结			160

11 语种识别 161

11.1	什么是语种识别			161
11.2	语言的区分性特征			163
11.3	统计模型方法			165
		11.3.1	基于声学特征的识别方法	165
		11.3.2	基于发音单元的语种识别方法	167
11.4	深度学习方法			170
		11.4.1	基于 DNN 的统计模型方法	170
		11.4.2	基于 DNN 的端到端建模	171
		11.4.3	基于 DNN 的语言嵌入	176
11.5	Kaldi 中的语种识别			178
11.6	小结			180

12 语音情绪识别 182

12.1	什么是语音情绪识别	182

12.2 语音情绪模型 … 185
12.2.1 离散情绪模型 … 186
12.2.2 连续情绪模型 … 186
12.3 语音情绪特征提取 … 187
12.3.1 语音情绪识别中的典型特征 … 187
12.3.2 局部特征与全局特征 … 190
12.4 语音情绪建模 … 192
12.4.1 离散情绪模型 … 192
12.4.2 连续情绪模型 … 195
12.5 深度学习方法 … 196
12.5.1 基础 DNN 方法 … 196
12.5.2 特征学习 … 198
12.5.3 迁移学习 … 199
12.5.4 多任务学习 … 200
12.6 小结 … 202

13 语音合成 … 203
13.1 激励-响应模型 … 204
13.2 参数合成 … 207
13.3 拼接合成 … 208
13.4 统计模型合成 … 210
13.5 神经模型合成 … 212
13.6 基于注意力机制的合成系统 … 214
13.7 小结 … 216

参考文献 … 217

索引 … 241

1

语音识别基础

1. 语音是什么

by 汤志远

从起初的一声巨响，到梵音天籁，到耳旁的窃窃私语，到妈妈喊我回家吃饭，总离不开声音。声音是这个世界存在并运动着的证据。

1.1 大音希声

假设我们已经知道了声音是什么。

我们可以找到很多描述声音的词语，如"抑扬顿挫""余音绕梁"。当我们在脑海中搜索这类词语时，描述对象总绕不过这两个：人的声音和物的声音。人的声音，就是语音；物的声音，多数是指音乐。这样的选择源于人的先验预期：语音和音乐才最可能有意义，有意义的事情人们才会关注。估计不会有人乐于用丰富的辞藻来描述毫无意义的声音。所以，语音研究的意义在于语音本身所传递的意义是什么，以及语音为什么能够传递意义。

声音有很多，每时每刻每次振动都能产生声音，可是有意义的声音实在

1.1 大音希声

不多。我们可以使用机器随机生成一段声音，心想着也许这段声音可以产生一些文字内涵。这个想法与很多年前就开始忙不迭地敲打莎士比亚巨著的大猩猩没有差别。不管重复多少次，这些随机的声音听起来都是噪声，没意思。很显然，在这样一个庞大的声音空间中，有意义的语音和音乐只是其中极微小的一点，这也是"大音希声"的一种解释吧。偏偏人类就能毫不费力地找到那个点，并且能说会道，这种搜索能力也是千百年来积攒下来的。不过就算是这么一个小点，古往今来的文学和音乐经典也并未占据多少地盘，这也使得语音语言的研究、文学音乐的创作有着广阔的发挥空间。

从大音希声中，我们可以得到以下一些启示：语言是高度概括和规范化的产物，它的熵值（简单理解为系统的混乱程度）极低，所以语言本身反映了一种思维方式，比如不同语言对"过去时""现在时""将来时"的处理方式体现了对时间的不同感受，不同语言对主谓宾的排序体现了对空间层次的不同感知；还有，语音在声音空间中是高度集中的，这使得我们在解析一段语音时不用搜索整个声音空间，少了一些盲目性（不过语言本身的博大精深已让人叹为观止了）。

声音以波的形式传播，即声波（Sound Wave）。当我们以波的视角来理解声音时，却又大繁若简起来：仅凭频率（Frequency）、幅度（Magnitude）、相位（Phase）便构成了波及其叠加的所有，声音的不同音高（Pitch）、音量（Loudness）、音色（Timbre）也由这些基本"粒子"组合而来。图 1.1 展示了几种简单的波形，世上形形色色的声波都可以"降解"到基本波形上，这也是傅里叶变换（Fourier Transform）的基本思想。不同的声波有不同的频率和幅度（决定音量），人耳也有自己的接收范围。人耳对频率的接收范围大致为 20 Hz ~ 20 kHz，于是以人为本地（其他动物可以听到不同范围的声音）将更高频率的声波定义为超声波（Ultrasound Wave）、更低频率的声波定义为次声波（Infrasound Wave）；人耳对音量的接收范围已经进化到适应了地球上的常规声音，小到呼吸声、飞虫声，大到飞机起飞、火箭发射的声音（已经不是地球的默认配置），再往上，人的身心就越来越承受不住了，为了衡量音量的大小，再一次以人为本地将人耳所能听到的 1 kHz 纯音的音量下限定义为 0 dB。

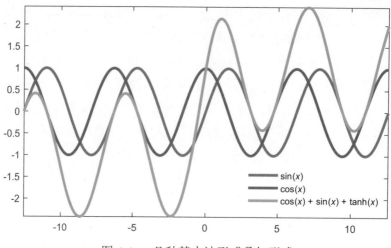

图 1.1　几种基本波形或叠加形式

1.2 产生语音

语言是人类的标志性能力之一，是一项发明，只不过这个发明是人类群体在长远的历史中不断打磨而成的，趋近于稳定而不得稳定，因为新的事物和新的思想总是不断涌现，语言随之进化，根据社会的需要不断做出改变，比如小到每年产生的新词（对于汉语来说，常用的字基本已经固定不变，是所有词句的基本单元，新加的词也不过是对已有单字进行组合，再赋予新的意义，这与利用字母组装成新词有所区别），大到一种语言的消亡和另一种语言的诞生（计算机语言也是一种情形）。当语言通过声音的形式表达出来，即为"语音"，它是指由人类发出的、承载特定语义的声音，其中语义不仅可以借助文字本身来传递，也可以借助声音的音高、音强、音长、音色及其组合来表示不同的情感、态度等信息。

图 1.2 展示了人体的发音器官及其对声音的影响区域。简而言之，肺部产生气流动力，经过气管引起声带振动形成声源（通常称为激励，图 1.2 中的激励区也叫声源区），最后经过声道（咽腔、口腔、鼻腔等区域）调制后由口唇辐射出来，产生了我们所听到的语音。当我们说话、唱歌时，基本上所有的发声器官都被调用了；当我们哼着小曲时，口腔可以不动，只通过调动鼻腔来调节音调；当我们捂着口鼻时，气流停止，没了动力，渐渐就发不出声音了。

1.3 看见语音

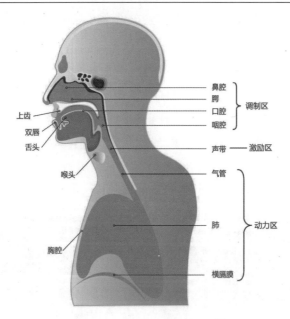

图 1.2　人体的发音器官[1]

了解了人体发音器官的结构图,便可以仿生复制出语音发生器,仅仅是功能上复制出这些发音器官及将它们联系在一起的神经系统已是很难,若要模拟产生让各个器官能够联动协作的神经信号就更难了。

1.3　看见语音

语音是用来听的,看不见、摸不着,但是我们可以看看语音的保存形式。自然存在的语音是连续的波动,具有波的所有属性。声波可以保存成离散的数字,即模数转换(Analog to Digital Conversion,ADC),所以,我们之后所研究的语音并不是声音的最原始形态,甚至都不叫声音,一串数字而已,但这些数字却达到了它的目的:再现声音,且原始声音所要传递的信息不丢失。音乐可以做得更彻底,直接将声音记录在一纸没有动静的乐谱上。

除了声音,光线也是自然存在的现象,同样地,我们也可以将它数字化,保存成图片或视频。机器学习中注重表征学习(Representation Learning),不管是声音还是光影,它们的数字化保存形式已经是一种表征方法了。对文本的处理显得直来直去一些,因为文字是人类发明出来的,发明文字的目的就是保存和传承,如音符一样,它也是一种离散的可记录、传播的符号,它的形态就是它的保存形式,所以文字本身就是文本处理的原始表征方法。

语音的基本保存形式可以用波形图(Waveform)展现出来,如图 1.3 所示,可以简单地看作一串上下摆动的数字序列,比如,1 s 的音频可以用 16 000 个电压数值表示,即采样率为 16 kHz。进一步聚焦放大波形图,可以清晰地看到每个采样点,如图 1.4 所示。真正的语音不需要额外的注解,但对数字化的语音来说,还需要额外的信息对文件格式进行说明,如信道、采样率、精度、时长等,并有文件大小 = 格式信息 + 信道数 × 采样率 × 精度 × 时长。可以用 soxi 命令查看文件信息,如图 1.5 所示。

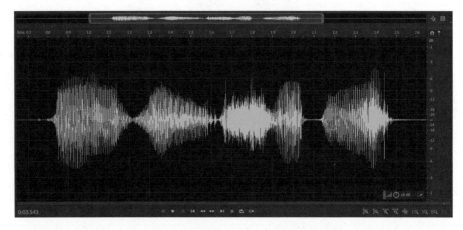

图 1.3　语音文件的波形图(由 Adobe Audition 生成)

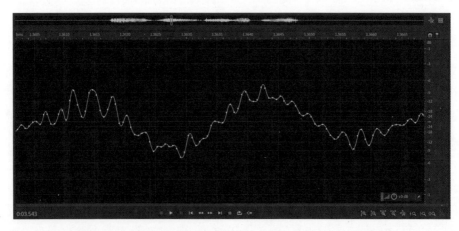

图 1.4　语音文件的采样点(由 Adobe Audition 生成)

1.3 看见语音

```
[tangzy@cslt.org ~]$ soxi 1a_1.wav

Input File      : '1a_1.wav'
Channels        : 1
Sample Rate     : 16000
Precision       : 16-bit
Duration        : 00:00:03.54 = 56703 samples ~ 265.795 CDDA sectors
File Size       : 119k
Bit Rate        : 268k
Sample Encoding: 16-bit Signed Integer PCM
```

图 1.5　语音文件的格式信息（Linux 系统）

语音，是包含时序信息的序列，是时域上的一维信号。离散傅里叶变换（Discrete Fourier Transform，DFT）使得语音的频域分析成为可能，图 1.3 所示的语音可以变成如图 1.6 所示的频谱图（Spectrogram）模样。

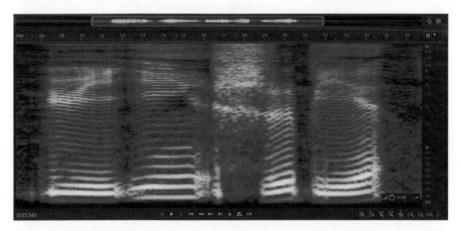

图 1.6　语音文件的频谱图（由 Adobe Audition 生成）

在图 1.6 中可以清楚地看到"层峦叠嶂"，原始音频里的信息又以另一种表征方法释放出来，颜色明暗表示频带能量的大小，较亮的条纹即共振峰（Formant）。整个过程就好比有一双好耳朵的人听到了一首随时间流动的曲子，随即写出了它的谱子，看着谱子，曲子又随即可以复现出来。傅里叶变换适宜具有平稳性（Stationarity）的波，而表意丰富的语音显然不具有长时平稳性，为了适用傅里叶变换，则需要假设语音的短时平稳性，所以语音的傅里叶变换是一小段一小段（一帧）进行的，而"短时"有多短也有不同影响，较短的窗口有较高的时域分辨率、较低的频域分辨率，较长的窗口有较高的频域分辨率、较低的时域分辨率，语音识别中常取 25 ms。时域与频域之间是一一对应的，可以代表彼此。从一种表征到另一种表征，包含的意义都在，只是有些藏得深、挖掘不到，有些露得浅、一目了然，后者才更利于机器学习，所以机器学习领域常常撇不开表征学习，而深度学习的优势就在于表征学习。

1.4 小结

研究一个事物之前，先去观察它、了解它，看它的来历，看它的形态、结构。语音识别的研究对象就是"语音"，本章简要介绍了语音的物理产生原理及其大繁若简的呈现形式。

2. 语音识别方法

by 汤志远

　　语音识别的全称是自动语音识别（Automatic Speech Recognition, ASR），说得多了，就把"自动"省去了，认为"自动"是理所当然的。语音识别属于序列转换技术，它将语音序列转换为文本序列。大体来说，这是一次搬运，是把一段话的表现形式从语音变成了文本，至于文本想要表达的深层含义（自然语言理解）、倾诉的感情（情感识别）、说话人的身份（说话人识别），就需要其他的技术来处理，所以语音应用开始时是分工明确的，但这显然不符合人类对语音的感知和理解，所以后来的技术也有了不同程度的整合和联合学习。

　　如何实现有效的语音识别？通常，先确定问题，然后找一个模型，最后训练好模型。

2.1 总体思路

已知一段语音信号,处理成声学特征向量(Acoustic Feature Vector,而不是 Eigenvector)后表示为 $\boldsymbol{X}=[\boldsymbol{x}_1,\boldsymbol{x}_2,\boldsymbol{x}_3,...]$,其中 $\boldsymbol{x}_i$ 表示一帧(Frame)特征向量;可能的文本序列表示为 $\boldsymbol{W}=[w_1,w_2,w_3,...]$,其中 w_i 表示一个词,求 $\boldsymbol{W}^*=\mathrm{argmax}_{\boldsymbol{W}}\ P(\boldsymbol{W}|\boldsymbol{X})$,这便是语音识别的基本出发点。由贝叶斯公式可知

$$P(\boldsymbol{W}|\boldsymbol{X}) = \frac{P(\boldsymbol{X}|\boldsymbol{W})P(\boldsymbol{W})}{P(\boldsymbol{X})} \tag{2.1}$$

$$\propto P(\boldsymbol{X}|\boldsymbol{W})P(\boldsymbol{W}) \tag{2.2}$$

其中,$P(\boldsymbol{X}|\boldsymbol{W})$ 称为声学模型(Acoustic Model,AM),$P(\boldsymbol{W})$ 称为语言模型(Language Model,LM),二者对语音语言现象刻画得越深刻,识别结果就越准确。化整为零,逐个击破,很符合逻辑惯性,所以大多数研究人员都把语音识别分为声学模型和语言模型两部分,即分别求取 $P(\boldsymbol{X}|\boldsymbol{W})$ 和 $P(\boldsymbol{W})$,并把很多精力放在声学模型的改进上。后来,基于深度学习和大数据的端对端(End-to-End)方法发展起来,它直接计算 $P(\boldsymbol{W}|\boldsymbol{X})$,把声学模型和语言模型融为了一体。

> 对不同的候选文本来说,待解码语音的概率保持不变,是各文本之间的不变量,所以公式 2.1 中的 $P(\boldsymbol{X})$ 可以不参与计算。

一段语音经历什么才能变成它所对应的文本呢?语音作为输入,文本作为输出,第一反应是应该有一个函数,自变量一代入,结果就出来了。但是,由于各种因素(如环境、说话人等)的影响,对于同一段文本,读一千遍就有一千个模样,语音的数字化存储也因之而不同,长短不一,幅度不一,就是一大堆数字的组合爆炸,想要找到一个万全的规则将这些语音唯一地对应到同一段文本,这是使演算逻辑所为难的;而且常用的词汇量也很庞大,能够拼成的语句不计其数,面对一段语音,遍历搜寻所有可能的文本序列必然会使系统无法负担。这样,定义域和值域都是汪洋大海,难以通过一个函数一步到位地映射。

如果我们能够找到语音和文本的基本组成单位,并且这些单位是精确的、规整的、可控的,那么二者之间的映射关系会简单一些。语音,选择

2.1 总体思路

的基本单位是帧（Frame），一帧的形式就是一个向量，整条语音可以整理为以帧为单位的向量组，每帧维度固定不变。一帧数据是由一小段语音经由 ASR 前端的声学特征提取模块产生的，涉及的主要技术包括离散傅里叶变换和梅尔滤波器组（Mel Filter Bank）等。一帧的跨度是可调的，以适应不同的文本单位。对于文本，字（或字母、音素）组成词，词组成句子，字词是首先想到的组成单位。

至此，语音的基本组成单位有了统一的格式，由于文本的基本组成单位是有限集合，所以当前问题是如何将二者对应起来，如图 2.1 所示，笔者归纳了目前常用的语音识别的基本方法，不同方法的差别可以简单归结为文本基本组成单位的选择上，语音的建模粒度也随之而改变，图 2.1 中文本的基本组成单位从大到小分别是：

- 整句文本，如"Hello World"，对应的语音建模尺度为整条语音。
- 词，如孤立词"World"，对应的语音建模尺度大约为每个词的发音范围。
- 音素，如将"World"进一步表示成"/wərld/"，其中每个音标（类比于音素，语音识别系统中使用的音素与音标有所区别）作为基本单位，对应的语音建模尺度则缩减为每个音素的发音范围。
- 三音素，即考虑上下文的音素，如将音素"/d/"进一步表示为"{/l-d-sil/, /u-d-l/, ...}"，对应的语音建模尺度是每个三音素的发音范围，长度与单音素差不多。
- 隐马尔可夫模型状态，即将每个三音素都用一个三状态隐马尔可夫模型表示，并用每个状态作为建模粒度，对应的语音建模尺度将进一步缩短。

图 2.1 中从"语音"到"文本"的任意一个路径都代表语音识别的一种实现方法（灰色线表示不常用方法），每种实现方法都对应着不同的建模粒度，这里先做一个概览，其中"DNN-HMM"表示深度神经网络-隐马尔可夫模型结构，"CTC"表示基于 CTC 损失函数的端到端结构，"Attention"表示基于注意力机制的端到端结构。

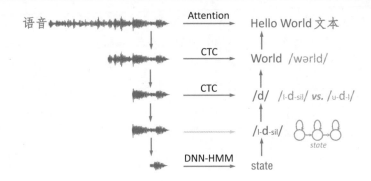

图 2.1　语音识别的基本方法

2.2　声学模型 GMM-HMM

2.2.1　HMM

声学模型解决的问题是如何计算 $P(X|W)$，它是语音识别的"咽喉"之地，学好了发音，后面的事才能顺理成章。首先要考虑的是，语音和文本的不定长关系使得二者的序列无法一一对应，常规的概率公式演算对此就不适用了。HMM（Hidden Markov Model，隐马尔可夫模型）正好可以解决这个问题。比如 $P(X|W) = P(x_1, x_2, x_3 | w_1, w_2)$ 可以表示成如图 2.2 所示的隐马尔可夫链的形式，图 2.2 中的 w 是 HMM 的隐含状态，x 是 HMM 的观测值，隐含状态数与观测值数目不受彼此约束，这便解决了输入输出的不定长问题，并有

$$P(X|W) = P(w_1)P(x_1|w_1)\ P(w_2|w_1)P(x_2|w_2)\ P(w_2|w_2)P(x_3|w_2) \qquad (2.3)$$

其中，HMM 的初始状态概率（$P(w_1)$）和状态转移概率（$P(w_2|w_1)$、$P(w_2|w_2)$）可以用常规的统计方法从样本中计算出来，主要的难点在于 HMM 发射概率（$P(x_1|w_1)$、$P(x_2|w_2)$、$P(x_3|w_2)$）的计算，所以声学模型问题进一步细化到 HMM 发射概率（Emission Probability）的学习上。

另外，对于语音，帧的粒度可以通过调节处理窗口的宽窄来控制；对于文本，字词级别的粒度过于宽泛、笼统。于是我们往下分解，如图 2.3 所示，字词是由音素（Phone）组成的；音素的上下文音素不同，同一个音素就有了不同的变异体，比如 /l-d-sil/ 与 /u-d-l/ 是一对亲兄弟却是两家人，记为三音素（Triphone）；每个三音素又可以用一个独立的三状态 HMM 建模，这

2.2 声学模型 GMM-HMM

样,文本方面的基本单位降解为微小的 HMM 状态(与图 2.2 中的 HMM 不同,其每个状态对应一个词)。由于很多三音素并未在语料中出现或数量不多,并且可以通过决策树(Decision Tree)共享三音素的状态,所以对于共有 N 个音素的语言,最终保留下来的三音素状态数量远小于 $3N^3$,一般为几千,并把它们叫作 Senones。而每一帧与每一个 Senone 的对应关系表示为三音素 HMM 的发射概率 $P(x_i|s_j)$,其中 s_j 表示第 j 个 Senone,与之对应的帧(x_i)的跨度通常取值为 25 ms,帧间步移取值为 10 ms,由于跨度大于步移,相邻帧的信息是冗余的,这是跳帧训练和解码的一个出发点。图 2.3 进一步展示了 Phone、Triphone、Senone 三者之间的关系,其中 Senone 是借助数学模型定义出来的音素变种,没有直接的听觉感受,音素 "/sil/" 无实际发音,仅表示静音、字间停顿或无意义的声音,$\#N$ 是 Phone 的个数,$\#N^3$、$\#3N^3$ 分别是 Triphone、Senone 的可能数量级(真实有效数量远少于这两个数量级)。

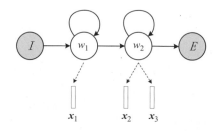

图 2.2　HMM(I、E 表示开始和结束状态)

图 2.3　Phone、Triphone、Senone 三者之间的关系

从文本 Sentence 到 Word,Word 到 Phone,Phone 到 Triphone,每个 Triphone 都用一个 HMM 建模,将所有相关的 HMM 按发音顺序首尾相连组成的 HMM 长链称作 Sentence,所以 $P(X|W)$ 就是这条 HMM 长链产生观测序列 X 的概率。因为 Phone 的个数是固定的,系统中所有的 Triphone HMM 所构成的基本集合也是固定的,不同的 W 对应的长链不同是由于长

链所包含的 Triphone 不同，但它们所使用的"字典"是相同的。如果用 p 表示 Phone、c 表示 Triphone，一个 p 可以对应多个 c，则 $P(\boldsymbol{X}|\boldsymbol{W})$ 有如下的转换关系：

$$
\begin{aligned}
P(\boldsymbol{X}|\boldsymbol{W}) &= P(\boldsymbol{x}_1,...,\boldsymbol{x}_t|w_1,...,w_l), & w_1 &= \{p_1,p_2\},... & (2.4)\\
&= P(\boldsymbol{x}_1,...,\boldsymbol{x}_t|p_1,...,p_m), & p_1 &= c_1, p_2 = c_2, p_3 = c_3,... & (2.5)\\
&= P(\boldsymbol{x}_1,...,\boldsymbol{x}_t|c_1,...,c_n), & c_1 &= \{s_1,s_2,s_3\},... & (2.6)\\
&= P(\boldsymbol{x}_1,...,\boldsymbol{x}_t|s_1,...,s_o), & o &> n = m > l & (2.7)
\end{aligned}
$$

从公式 2.5 到 2.6，p_1 的上下文音素分别是"/sil/"和 p_2，p_2 的上下文音素分别是 p_1 和 p_3，依此类推。虽然声学模型的建模粒度细化了，但仍然是先给定 HMM，再求产生某个观测序列的概率，只是 HMM 更长一些而已，归根结底仍需要对发射概率 $P(\boldsymbol{x}_i|s_j)$ 建模（HMM 的转移概率也需要学习，但相对发射概率而言性能要差得多，甚至可以使用预设值）。

逐层分解一件事物直至根本，把握住每个关键节点之后，拼装回去，整体又逆转回来了，但该过程使我们对这个事物理解得更透彻了。上述语音识别系统声学模型的设计正是一个从大到小、从宏观到微观的拆解过程，而语音识别系统的解码则是将该过程逆转：从 Frame 到 Senone，从 Senone 到 Triphone，再到 Phone，最后到 Word 及 Sentence。

> HMM 涉及的主要内容有：两组序列（隐含状态和观测值）、三种概率（初始状态概率、状态转移概率、发射概率）、三个基本问题（产生观测序列的概率计算、最佳隐含状态序列的解码、模型本身的训练），以及这三个问题的常用算法（前向或后向算法、Viterbi 算法、EM 算法）。语音识别的最终应用对应的是解码问题，而对语音识别系统的评估和使用也叫作解码（Decoding）。

2.2.2 GMM

HMM 确定了语音识别的整体框架，其中发射概率 $P(\boldsymbol{x}_i|s_j)$ 的建模直接影响声学模型的好坏，也是研究者探索最多的地方。

GMM（Gaussion Mixture Model，高斯混合模型）是最常用的统计模型，给定充分的子高斯数，GMM 可以拟合任意的概率分布，所以 GMM 成

2.2 声学模型 GMM-HMM

为首选的发射概率模型。每个 GMM 对应一个 Senone，并用各自的概率密度函数（Probability Density Function，PDF）表示，图 2.4 展示了一个三音素的 GMM-HMM 结构，I、E 表示开始和结束状态。GMM 把每帧看成空间中一个孤立的点，点与点之间没有依赖关系，所以 GMM 忽略了语音信号中的时序信息，并且帧内各维度相关性较小的 MFCC（Mel Frequency Cepstral Coefficient）特征更利于 GMM 建模。

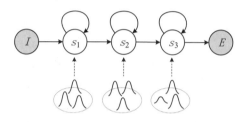

图 2.4　一个三音素的 GMM-HMM 结构

GMM 训练完成后，通过比对每个 PDF，可以求出发射概率 $P(x_i|s_j)$，然后结合 HMM 的初始状态概率和状态转移概率，通过公式2.7计算得到 $P(X|W)$。这其中会有一系列条件限制，比如，这一串 Senone 能否组成 Triphone，这一串 Triphone 能否组成 Phone，这一串 Phone 能否组成 Word，这一串 Word 能否组成 Sentence。

> (T) 语音识别是对连续变量的建模，连续变量的概率比较可以等价地使用概率密度函数，文中提到的连续变量的概率并非真实的概率，是概率密度函数参与计算的结果。

2.2.3 训练

给定一个训练好的 GMM-HMM 模型和语音序列 X，针对不同的 W 备选，都可以计算出 $P(X|W)$，剩下的问题则是如何训练 GMM-HMM。

HMM 和 GMM 的训练都使用自我迭代式的 EM 算法（Expectation-Maximization Algorithm）。EM 算法可以有效地解决存在隐变量（Latent Variable）的建模问题，而 HMM 和 GMM 的训练中都有各自的隐变量：

- 在 HMM 的训练中，给定初始 HMM 模型和观测序列，无法确定的是，不同时刻的观测值该由哪个隐含状态发射出来。因此，HMM 的隐变量所表达的意思是，给定整个观测序列，某时刻的观测值由某一个隐含状态"发射"出来的概率，也叫"State Occupation Probability"（真正的隐变量描述的是一种情形，即某时刻的观测值由某一个隐含状态"发射"出来，这里统一用它的概率表示，下同）。

- GMM 的概率密度函数是多个子高斯概率密度函数的线性组合，所以 GMM 的隐变量所表达的意思是，某个样本由某一个子高斯所描述的比重，也叫"Component Occupation Probability"，可见一个样本由 GMM 中所有的高斯分别进行建模，但汇总时的权重不同，且所有权重之和为 1。
- GMM-HMM 的隐变量则是 GMM 和 HMM 的结合，该隐变量所表达的意思是，给定整个观测序列，某时刻的观测值由某一个隐含状态（对应一个 GMM）中的某一个子高斯所描述的概率来表示。

对于 GMM-HMM 结构，已定义隐变量，则可以按照 EM 的标准流程进行迭代训练。GMM-HMM 训练中会进行状态共享，最后所有的 PDF 数（即 GMM 数）与 Senone 数是相同的，因为 Senone 本质上是 HMM 的状态，而每个状态都用一个 PDF 对其进行发射概率的建模。

2.3 声学模型 DNN-HMM

GMM 是生成式模型（Generative Model），着重刻画数据的内在分布，可以直接求解 $P(x_i|s_j)$，而 $P(x_i|s_j) = P(s_i|x_j)P(x_j)/P(s_j)$，因 $P(x_j)$ 省去不算，$P(s_j)$ 可通过常规统计方法求出，问题进一步归结为求取 $P(s_i|x_j)$，这是典型的分类（Classification）问题，也是判别式模型（Discriminative Model）所擅长的，其中深度神经网络（Deep Neural Network，DNN）的表现尤为突出。上述各项也有各自的叫法，$P(x_i|s_j)$ 是似然（Likelihood），$P(s_j)$ 是先验概率（Prior Probability），$P(s_i|x_j)$ 是后验概率（Posterior Probability）。

DNN 用于分类问题时，要进行有监督学习（Supervised Learning），标签（Label）的准备是必不可少的。训练集中只提供了整条语音与整条文本之间的对应关系，并未明确指出帧级别的标签，因此需要通过额外的算法给数据集打标签，选择的方法是上文的 GMM。作为生成式模型的 GMM，擅长捕捉已知数据中的内在关系，能够很好地刻画数据的分布，打出的标签

2.3 声学模型 DNN-HMM

具有较高的可信度。对于未知数据的分类，判别式模型的 DNN 具有更强的泛化能力，因此可以青出于蓝。图 2.5 展示了基本的 DNN-HMM 声学模型结构，语音特征作为 DNN 的输入，DNN 的输出则用于计算 HMM 的发射概率。

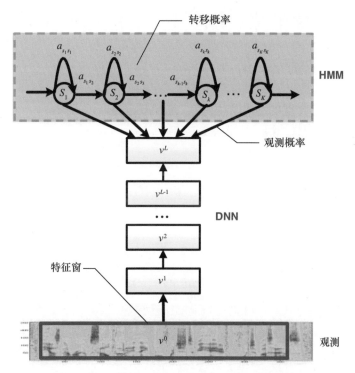

图 2.5 基本的 DNN-HMM 声学模型结构[2]

相较于 GMM-HMM 结构，DNN-HMM 唯一与之不同的是结构中的发射概率是由 DNN 而非 GMM 求出的，即二者的区别在于 GMM 与 DNN 之间的相互替代。值得注意的是，使用 DNN 计算发射概率时需要引入先验概率。此外，GMM 和 DNN 中的前向神经网络（Feedforward Neural Network）是独立对待各帧的，即上一帧计算的结果不会影响下一帧的计算，忽略了帧与帧之间的时序信息。DNN 起用循环神经网络（Recurrent Neural Network，RNN）时，便可以考虑时序信息了。

> T　贝叶斯定理（Bayes' theorem）已被用到两次，宏观的一次是分出了声学模型和语言模型，微观的一次是构造了 HMM 发射概率的判别

式求法。

2.4 语言模型

语言模型要解决的问题是如何计算 $P(\boldsymbol{W})$，常用的方法基于 N 元语法（N-Gram）或 RNN。

2.4.1 N-Gram

语言模型是典型的自回归模型（Autoregressive Model），给定词序列 $\boldsymbol{W} = [w_1, w_2, ..., w_m]$，其概率表示为

$$P(\boldsymbol{W}) = P(w_1, w_2, ..., w_m) \tag{2.8}$$

$$= \prod_{i=1}^{m} P(w_i | w_1, w_2, ..., w_{i-1}) \tag{2.9}$$

$$\propto \prod_{i=1}^{m} P(w_i | w_{i-n+1}, w_{i-n+2}, ..., w_{i-1}) \tag{2.10}$$

其中从公式 2.9 到 2.10 是做出了"远亲不如近邻"的假设，即所谓的 N-Gram 模型[3, 4]，它假设当前词的出现概率只与该词之前 $n-1$ 个词相关，则该式中各因子需要从一定数量的文本语料中统计计算出来，此过程即语言模型的训练过程，且需要求出所有可能的 $P(w_i | w_{i-n+1}, w_{i-n+2}, ..., w_{i-1})$，计算方法可以简化为计算语料中相应词串出现的比例关系，即

$$P(w_i | w_{i-n+1}, w_{i-n+2}, ..., w_{i-1}) = \frac{\text{count}(w_{i-n+1}, w_{i-n+2}, ..., w_i)}{\text{count}(w_{i-n+1}, w_{i-n+2}, ..., w_{i-1})} \tag{2.11}$$

其中 count 表示词串在语料中出现的次数。由于训练语料不足或词串不常见等因素导致有些词串未在训练文本中出现，此时可以使用不同的平滑（Smoothing）算法[5, 6, 7]进行处理。

2.4.2 RNN

从公式 2.9 的各个子项可以看出，当前的结果依赖于之前的信息，因此可以使用单向循环神经网络进行建模。单向循环神经网络训练的常规做法是，利用句子中的历史词汇来预测当前词，图 2.6 展示了 RNN 语言模型的

2.4 语言模型

基本结构,其输出层往往较宽,每个输出节点对应一个词,整个输出层涵盖了语言模型所使用的词表,故其训练本质上也是分类器训练,每个节点的输出表示产生该节点词的概率,即 $P(w_i|w_1,w_2,...,w_{i-1})$,故据公式 2.9 可以求出 $P(\mathbf{W})$。前向非循环神经网络也可以用于语言模型,此时其历史信息是固定长度的,同 N-Gram。

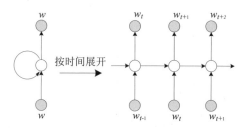

图 2.6 RNN 语言模型基本结构

RNN LM 与 N-Gram LM 相比,基本的优劣势包括:第一,RNN LM 可以使用相同的网络结构和参数处理任意长度的历史信息,而 N-Gram LM 随着 N 的增加,模型大小将呈指数递增;第二,N-Gram LM 直接存储了各种词汇组合的可能性,因此可以对其进行直接编辑,比如两个领域的 N-Gram LM 融合、新词添加等,而 RNN LM 则无法修改参数,很难进行新词拓展;第三,RNN LM 的使用中需要临时计算 $P(w_i|w_1,w_2,...,w_{i-1})$,实时性不高,而 N-Gram LM 中直接存储的就是 $P(w_i|w_{i-n+1},w_{i-n+2},...,w_{i-1})$,相同性能下,N-Gram LM 的模型存储大小一般大于 RNN-LM,但 N-Gram LM 支持静态解码(即解码图是事先准备好的),进一步节省了解码时间;第四,RNN-LM 可以充分利用深度神经网络的表征学习能力,更有潜力,而 N-Gram 只是简单地"数数"(或许这样也能体现算法的简洁性)。

RNN LM 与 N-Gram LM 可以结合使用,而且可以将 RNN LM 预存为 N-Gram 的形式,即用 RNN 直接求出 $P(w_i|w_{i-n+1},w_{i-n+2},...,w_{i-1})$(此时 RNN-LM 的历史信息长度受到限制),并将其保存,然后利用此 N-Gram LM 对原有的 N-Gram LM 进行调整。

自然语言处理领域常用的神经网络语言模型预训练技术,比如 BERT[8]、RoBERTa[9]、XLNet[10]、ALBERT[11] 等,尚未在语音识别领域得到广泛应用,一方面是由于该类语言模型针对的任务是自然语言处理领域的,规模较大,远超声学模型神经网络复杂度,影响语音识别的实时性;另一方面则是该类语言模型的训练可能并不能有效计算 $P(\boldsymbol{W})$，比如 BERT 在训练时利用左右两侧的所有上下文来预测当前词（上述单向 RNN-LM 仅使用左侧上下文），不过也有研究在探索将该类语言模型应用于语音识别，比如可以使用 BERT 模型对预选的多个 $\boldsymbol{W}$ 进行打分[12]。

2.5 解码器

我们的最终目的是选择使得 $P(\boldsymbol{W}|\boldsymbol{X}) = P(\boldsymbol{X}|\boldsymbol{W})P(\boldsymbol{W})$ 最大的 $\boldsymbol{W}$，因此解码本质上是一个搜索问题，并可借助加权有限状态转换器（Weighted Finite State Transducer，WFST）统一进行最优路径搜索[13]。WFST 由状态节点和边组成，且边上有对应的输入、输出符号及权重，形式为 $x:y/w$，表示该边的输入符号为 x、输出符号为 y、权重为 w，权重可以定义为概率（越大越好）、惩罚（越小越好）等，从起始到结束状态上的所有权重累加起来，通常记为该条路径的分数，一条完整的路径必须从起始状态到结束状态。

首先，句子由词组成，对于 N-Gram LM，可以将其表示为 WFST，并记为 G。图 2.7 是语言模型表示成 WFST 的示例，可以看到，G 的输入符号和输出符号是相同的，均为词，其后的权重由语言模型中的概率值转换而来。据图 2.7 可知，句子"using data is better"的得分为 $1+0.66+0.5+0.7 = 2.86$，句子"using intuition is worse"的得分为 $1+0.33+1+0.3 = 2.63$。如果将权重定义为惩罚，则后一条句子的可能性更大。

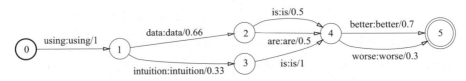

图 2.7　语言模型表示成 WFST 的示例[13]

其次，词由音素组成，可以将其表示为 WFST，并记为 L，图 2.8 是发音词典表示成 WFST 的示例，图中的 ε 是一个占位符，表示没有输入或输出。据此图可知，单词"data=/d ey t ax/"的得分为 $1+0.5+0.3+1 = 2.8$，而单词"dew=/d uw/"的得分为 $1+1 = 2$。如果将权重定义为惩罚，则"dew"的可能性更大。

依此类推，定义输入为 Triphone、输出为 Phone 的 WFST 为 C，定

2.5 解码器

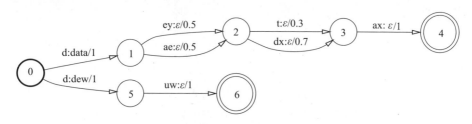

图 2.8　发音词典表示成 WFST 的示例[13]

义输入为 Senone、输出为 Triphone 的 WFST 为 H。至此，我们得到 4 个 WFST，即 H、C、L、G，表 2.1 对这 4 个 WFST 进行了比较，表中的"输入""输出"表示走完一条完整路径后整个 WFST 的输入、输出，而不是一条边上的输入、输出，可见前者的输出是后者的输入，所以可以将它们融合（Composition）为一个 WFST，实现上文提到的从 Senone 到 Triphone（H）、Triphone 到 Phone（C）、Phone 到 Word（L）、Word 到 Sentence（G）的转换，则该 WFST 称作系统的解码图（Decoding Graph）。

表 2.1

WFST	转换对象	输入	输出
G	语言模型	词序列	词序列
L	发音词典	音素序列	词
C	上下文关系	三音素序列	音素序列
H	HMM	Senone 序列	三音素

WFST 的融合一般从大到小，即先将 G 与 L 进行融合，再依次融合 C、H，每次融合都将进行确定化（Determinisation）和最小化（Minimisation）操作。WFST 的确定化是指，确保给定某个输入符号，其输出符号是唯一的；WFST 的最小化是指，将 WFST 转换为一个状态节点和边更少的等价 WFST。H、C、L、G 的融合，常用的过程为：

$$\text{HCLG} = \min(\det(H \circ \min(\det(C \circ \min(\det(L \circ G)))))) \tag{2.12}$$

其中 HCLG 为最终的解码图 WFST，$\circ$ 表示 Composition，det 表示 Determinisation，min 表示 Minimisation，OpenFST[1] 等工具实现了这

---

[1] 见 OpenFST 官网。

些操作。

最终解码时，只需要 GMM 或 DNN（因为 HMM 已在解码图之中），就可以利用 HCLG 进行解码，给定语音特征序列 $\boldsymbol{X}$，可以通过 GMM 或 DNN 计算出 $P(\boldsymbol{x}_i|s_j)$，即 HMM 的发射概率，借助于 HCLG，$P(\boldsymbol{W}|\boldsymbol{X}) \propto P(\boldsymbol{X}|\boldsymbol{W})P(\boldsymbol{W})$ 的计算将变得简单，即将 $\boldsymbol{W}$ 路径上的权重（假设定义为惩罚）相加，再减去各状态针对输入的发射概率（log 后的值）得到最终得分，该得分越小，说明该语音 $\boldsymbol{X}$ 转录为 $\boldsymbol{W}$ 的可能性越大。由于 HCLG 中的权重都是固定的，不同的 $P(\boldsymbol{x}_i|s_j)$ 将使得 HCLG 中相同的 $\boldsymbol{W}$ 路径有不同的得分。通过比较不同路径的得分，可以选择最优路径，该路径对应的 $\boldsymbol{W}$ 即为最终解码结果。由于 HCLG 搜索空间巨大，通常使用束搜索（Beam Search）方法。简单地说，在路径搜索中，每走一步，搜索空间都会指数级扩大，如果保留所有的路径，则计算将难以支撑，但很多路径是完全没有"希望"的，虽未走到终点，但可以根据当前的得分仅保留指定数目的最优路径（即 n-best），走到下一步时仍然如此，直到走到终点，选择一条最优路径。

2.6 端到端结构

由于语音与文本的多变性，起初我们否决了从语音到文本一步到位的映射思路。经过了抽丝剥茧、以小见大的过程后，再回过头来看这个问题。假设输入是一整段语音（以帧为基本单位），输出是对应的文本（以音素或字词为基本单位），两端数据都处理成规整的数学表示形式了，只要数据是足够的，选的算法是合适的，兴许能训练出一个好的端到端模型，于是所有的压力就转移到模型上来了，怎样选择一个内在强大的模型是关键。深度学习是端到端学习的主要途径。

端到端学习需要考虑的首要问题也是输入输出的不定长问题。

对于输入，可以考虑将不同长度的数据转化为固定维度的向量序列。如果输入一股脑地进入模型，可以选择使用卷积神经网络（Convolutional Neural Network，CNN）进行转换，CNN 通过控制池化层（Pooling Layer）的尺度来保证不同的输入转换后的维度相同；如果输入分帧逐次进入模型，则可以使用 RNN。虽然输入是分开进入的，但 RNN 可以将积累的历史信息在最后以固定维度一次性输出。这两个方法常常用于基于注意力机制

2.6 端到端结构

（Attention）的网络结构[14, 15]。

对于输出，往往要参照输入的处理。先考虑输入长度不做处理的情况，此时输出的长度需要与输入保持匹配。因为语音识别中，真实输出的长度远小于输入的长度，可以引入空白标签充数，这是 CTC（Connectionist Temporal Classification，连接时序分类）损失函数[16, 17]常用的技巧，如果真实输出的长度大于输入的长度，常规 CTC 就不适宜了；另一个情况是，将输入表示成固定长度的一个向量，这正是前文所述的基于 CNN 或注意力机制的方法，然后再根据这个向量解码出一个文本序列（真正实现时，每次解码出一个词，其针对输入的注意力权重有所差异和偏重），此时输出的长度便没有了参照，需要通过其他机制来判断是否结束输出，比如引入结束符标签，当输出该标签时便结束输出。

在仔细斟酌了输入输出的不定长问题后，目前最基本的两个端到端方法也呼之欲出，即上文提到的基于 CTC 损失函数和注意力机制的深度学习方法，且二者可以合用。端到端方法将声学模型和语言模型融为一体，简单明了，实施便捷，是当下语音识别的主要研究方向之一。随着数据量和计算力的增加，端到端方法愈加行之有效，然而这里仍将语音识别系统拆解开来、逐一透视，因为这是真正理解语音识别的必经之路。下面简要介绍几种常用的端到端方法。

2.6.1 CTC

CTC 方法早在 2006 年就已被提出并应用于语音识别[16]，但真正大放异彩却是在 2012 年之后[17]，彼时各种 CTC 研究铺展开来。CTC 只是一种损失函数，简而言之，输入是一个序列，输出也是一个序列，该损失函数欲使得模型输出的序列尽可能拟合目标序列。回忆语音识别系统的基本出发点，即求 $W^* = \mathrm{argmax}_W P(W|X)$，其中 $X = [x_1, x_2, x_3, ...]$ 表示语音序列，$W = [w_1, w_2, w_3, ...]$ 表示可能的文本序列，而端到端模型本身就是 $P(W|X)$，则 CTC 的目标就是直接优化 $P(W|X)$，使其尽可能精确。

给定训练集，以其中一个样本 (X, W) 为例，将 X 输入模型，输出可以是任意的文本序列 W'，每种文本序列的概率是不同的，而我们希望该模型输出 W 的概率尽可能大，于是 CTC 的目标可以粗略地理解为通过调整 P 对应的参数来最大化 $P(W|X)$。

下面要解决的问题是该如何表示 $P(\boldsymbol{W}|\boldsymbol{X})$。以常规的神经网络为例，语音输入序列一粒一粒地进，文本输出序列一粒一粒地出，二者的粒数是相同的，而通常情况下，处理后的语音序列与文本序列并不等长，且语音序列远长于文本序列，于是与输入等长的输出（记为 $\boldsymbol{S}$）需要进行缩短处理后再作为最后的输出 (希望其拟合 $\boldsymbol{W}$)。因此，一个输出单元往往对应多个输入单元，又已知 $\boldsymbol{S}$ 可以有多种可能，CTC 的优化目标则变为最大化

$$P(\boldsymbol{W}|\boldsymbol{X}) = \sum_{\boldsymbol{S} \in A(\boldsymbol{W})} P(\boldsymbol{S}|\boldsymbol{X}) \tag{2.13}$$

其中 $A(\boldsymbol{W})$ 表示所有与输入等长且能转换为 $\boldsymbol{W}$ 的所有 $\boldsymbol{S}$ 的集合，因为有些 $\boldsymbol{S}$ 没有意义或不可能出现，而 CTC 平等地对待每种可能，这使得模型的训练有失偏颇，较大训练数据集则可以进行弥补。

接着需要考虑的问题是 $\boldsymbol{S}$ 与 $\boldsymbol{W}$ 之间的转换关系。首先 $\boldsymbol{S}$ 中的单元（记为 s）与 $\boldsymbol{W}$ 中各单元（记为 w）是多对一的关系，即一个 w 可以拥有多个 s（一个有效的发音往往对应多条语音特征），但一个 s 只能抵达一个 w（具体的某个语音特征只属于某个特定发音），$\boldsymbol{S}$ 转换为 $\boldsymbol{W}$ 只需删除重复的对应关系即可，比如 $\boldsymbol{S} = \text{CCChhhiiiinnnnaaaa}, \boldsymbol{W} = \text{China}$（这里 $\boldsymbol{W}$ 以字母为基本单元），但如果单词里本身就要重复字母，比如 happy、中文语音识别中的叠词（以汉字为基本单元），此时直接删除重复的对应关系会产生误伤，而如果在重复单元之间引入一个特殊字符 ε（上文提到的空白字符），则可以阻断合并，比如 $\boldsymbol{S} = \text{hhhhaaaapppp}\varepsilon\text{pppppyyyy}, \boldsymbol{W} = \text{happy}$。引入 ε 字符是为了有效处理 $\boldsymbol{S}$ 与 $\boldsymbol{W}$ 的转化关系，本身并无意义，所以最后一步需要将 ε 删除。假如 $\boldsymbol{W} = \text{happy}$，以下几个例子则是有效的 $\boldsymbol{S}$，可以通过先删重复后删 ε 的规则还原回去：

$$\text{hhappppεppppy} \to \text{happy}$$
$$\text{hhappppεεppppy} \to \text{happy}$$
$$\text{hεappppεppppy} \to \text{happy}$$
$$\text{hεεappppεppppy} \to \text{happy}$$

2.6 端到端结构

而以下几个例子则是无效的：

$$hhapppppy \to hapy$$
$$h\epsilon happ\epsilon pppy \to hhappy$$
$$h\epsilon happpppy \to hhapy$$
$$h\epsilon ha\epsilon apppppy \to hhaapy$$

> 空白标签 ε 和静音符同为网络输出单元，但两者有不同的用途。空白标签 ε 表示不输出任何东西，只是一个占位符，最终在 W 中是没有的，而静音符表示静音、字间停顿或无意义的声音，是实实在在的输出单元。虽然 ε 表示无有效输出，但其对应的输入并非没有意义，可以理解为，该输入的信息通过与近邻相互累积，在未来某个时刻表现出来。

以上的举例中，文本序列的基本单元是字母。不同于 DNN-HMM 复合结构，CTC 的基本单元一般为宏观层面的（如词、字母、音素等），人的可读性较强，每个单元对应的语音输入长度甚至都是人耳可辨的，比如对于英文可以选择字母或常用的单词，对于中文可以选择常用的汉字。

CTC 仅是一种损失函数，并非所有的网络结构都能与之有效匹配，通过上面的例子可以看出，很多输入单元的输出标签为 ε，它们的贡献在于为后来的某一个输入单元积攒"势"力，这就需要模型结构具有"厚积薄发"的能力，而在各种神经网络结构中，具有历史记忆能力的循环神经网络是最合适的。循环神经网络能够累积历史信息（双向网络可以兼顾前后信息），形成长时记忆，在 CTC 端到端语音识别中表现为隐性的语言模型建模（建模的单元为内部表征，而非文字），且累积效应可以与 ε 搭配使用，所以在 CTC 的使用中，常规结构为 LSTM-CTC，其中长短时记忆单元 LSTM（Long Short-Term Memory）为典型的循环神经网络结构。如图 2.9 所示，使用 CTC 训练的模型对各个音素的可能性预测是尖峰似的，即当每个音素的信息积累到一定程度才"蹦"出较高的概率，而使用逐帧对齐的训练方法则是尝试将每个音素对应的大部分帧都打高分，体现不出"厚积薄发"。

前面提到的 HMM 解决了语音识别系统输入与输出长度不一致的问题，而 CTC 通过引入 ε 也可以规避此问题，故 CTC 是一个特殊的 HMM，如

图 2.10 所示，可以将 CTC 的序列转换通过一个 HMM 结构表达出来。

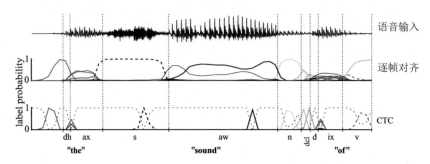

图 2.9　CTC 序列训练与逐帧对齐训练预测结果的对比[16]

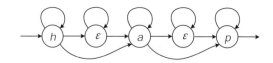

图 2.10　CTC 的 HMM 结构

> 在 CTC 的端到端训练中，语言模型并不是显性学习的，其建模粒度为网络的隐层表征，并非 CTC 的输出标签，且训练语料受限于语音对应的标注语料，因此有一定的局限性，当训练数据不够多时劣势尤为明显，所以系统在使用时可以额外搭配一个语言模型优化解码结果，但这样便违背了端到端系统的设计初衷，CTC 的端到端系使得模型合一、简化流程。所有的端到端 ASR 系统都可以像 DNN-HMM 结构一样，额外添加一个语言模型，而当训练数据越来越多时，外接语言模型所带来的性能提高则会越来越小。

2.6.2　RNN-T

　　CTC 训练是隐性学习语言模型的训练，可以通过改进结构，使得系统能够同时显性地学习语言模型，使得声学模型和语言模型能够真正地统一学习，进一步提升系统性能。早在 2012 年，实现该目的的 RNN Transducer（RNN-T）技术就已成型[17, 18]，但一直未得到广泛使用，直到 2019 年，Google 将该技术成功应用于移动端的实时离线语音识别[19]。

　　语音识别（语音到文本）与机器翻译（一种文本到另一种文本）都是序列学习任务，二者的学习框架是可以相互借鉴的，并且都需要学习目标

2.6 端到端结构

文本的语言模型。RNN-T 显性训练语言模型的思路与机器翻译的做法是类似的，即在预测当前目标时，将之前的结果作为条件。条件概率 $P(y|x)$ 在深度学习中的表现形式比较直观，只需将 x 作为输入来预测 y 即可，常规的 CTC 将语音 x 作为条件，RNN-T 则需要考虑之前的输出 y'，学习目标更新为 $P(y|x,y')$。图 2.11 展示了 RNN-T 与 CTC 的结构差异，其中预测网络（Prediction Network）与编码器（Encoder）都使用了 LSTM，可以分别对历史输出（y）和历史语音特征（x，含当前时刻）进行信息累积，并通过一个全连接神经网络（Joint Network）共同作用于新的输出，图 2.11 中的 p 和 h 分别为预测网络和编码器的输出，形式为固定长度的向量。

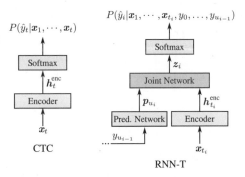

图 2.11　从 CTC 到 RNN-T[19]

2.6.3 Attention

Attention 是指深度学习中的注意力机制，最初应用于神经机器翻译（Neural Machine Translation）[20]，而语音识别也是一种特别的机器翻译（它的输入是某种机器人可以看懂的"文本"，我们用来记录语音），注意力机制显然可以迁移过来。

注意力是一个人们经常接触的概念，"将注意力放在学习上""注意安全""注意，我要开始了""注意这个地方"……总而言之，注意力是指人类将自己的意识集中到某个事物上，它可以是外在存在，也可以是内在的心理活动。注意力是可以注意到的和控制的，我们的眼神聚焦就是一种注意力机制。机器翻译里的注意力可以简单理解为目标输出的各个单元与原始输入的各个单元之间的相关性，比如"你是谁"翻译成"who are you"，显然"who"对"谁""are"对"是""you"对"你"的注意力最强。类似于我们的眼神有余光（形如高斯分布，中央部分最聚焦），注意力可以是柔性的（Soft Attention），注意力程度的取值范围为 [0,1]，而非零即一的硬性机制（Hard Attention）只是柔性机制的一种特例，因此柔性机制的应用更加广泛。在上面"who are you"的例子中，"are"并非将所有的注意力都给了"是"，因为在序列预测中，预测"are"时并不知道"you"，所以单数或复数并不确定，这时就需要"偷瞄"一下上下文。在语音识别中，每个音素都需要"看"到与其关联最大的音频区域，且这段音频的每个子单元对音素发声的贡献不尽相同，是不平等地"看"，也是注意力机制的体现。图 2.12 展示了语音及其文本（字母为基本单位）的注意力对齐结果，可以看到，每个输出单元都主要聚焦到某一截语音，并会受到近邻的上下文语音的影响，这是符合语言的发音规则的，比如"student"中两个"t"的实际发音因前一个音标发音的不同而不同，"你好"的"你"受到"好"第三声音调的影响，在实际发音中是第二声，这种自身发音受近邻发音影响的现象也叫协同发音（Coarticulation）。

在机器翻译中，由于语法结构不同，比如主谓宾的顺序，注意力可能会出现前后交叉的情况，比如"who"是目标语言的第一个词，但聚焦在原始输入的最后一个单元"谁"上，最后的"you"又聚焦到最前面的"你"，而语音识别中的输入语音与输出文本是顺位相关的，不会出现这种情况，如图 2.12 所示，一个音素的对应范围大约为几十毫秒，上下文顶多扩展到一个单词的发音范围，其他地方的语音对该音素的发音没有影响，所以声学模型通常采用局部注意力（Local Attention）的机制。由于不需要对所有输入"尽收眼底"之后才开始解码，局部注意力能够提高识别的实时性。与局部注意力对应的是机器翻译中的全局注意力（Global Attention），因为从人的认知角度来看，想要对一句话进行翻译，首先要在总体上理解其含义。

> (T) 人类行为中的语音识别和语言翻译都是认知行为，因为最终都抵达语言理解，知晓全文有助于人类的识别和翻译，但我们对机器中的语音识别任务进行归类时，将其大体归为感知行为，即认为其统计了足够多的数据后，不需要知道意思也能进行文本的转录，知晓文本意思（如语言模型的学习）固然可以提升性能，但并非技术的瓶颈；而机器翻译更偏向于对人类认知行为的模仿。

2.6 端到端结构

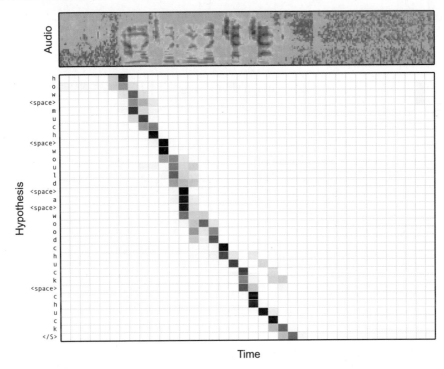

图 2.12　语音及其文本（字母为基本单位）的注意力对齐结果[21]

图 2.13 展示了全局注意力机制在深度学习中的实现方式，它大体上是一个编码器-解码器（Encoder-Decoder）结构。首先，该机制使用双向循环神经网络将所有时序信息编码成隐层信息，然后表示出每个输出单元与所有隐层信息的注意力关系（使用 Softmax 函数保证总的注意力为 1），最后预测出每个输出单元。这里有两处使用了条件学习，一是输出单元对各时刻隐层信息的注意力计算（$a_{t,1}$、$a_{t,2}$、$a_{t,3}$ 等），除了依赖于隐层信息 h，还受到以往输出内容 y（或对应的解码器隐层信息 s）的影响；二是预测每个输出单元时，除依赖注意力机制注意到的信息（$\sum_{i=1}^{T} a_{t,i} h_i$）外，还需要参考过往的输出 y 及其对应的解码器隐层信息 s。

2.6.4　Self-Attention

相比于上述注意力机制旨在发现输入与输出的关联程度，Self-Attention（自注意力机制）则是要发现原始输入的各个单元与自身各单元的关联程度，比如翻译"你是谁"时,"是"是"你"的谓语动词,二者之间是有关联度的。当下自注意力机制应用最广泛的结构当属 Transformer[22],其优势在于摆脱了循环神经网络和卷积神经网络结构的禁锢,以及使用了多注意力机制,大大加速了并行计算。Transformer 的结构如图 2.14 所示。

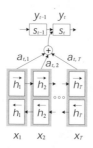

图 2.13　注意力机制[20]

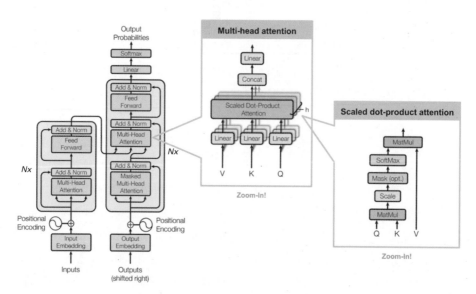

图 2.14　Transformer 结构[22]

为了便于实现,Transformer 引入了(Query, Keys, Values)三元组来描述自注意力机制,简记为 (Q, K, V),以一个注意力模块为例,输入为 X,而 Q、K、V 都是 X 的线性变换矩阵:

$$Q = XW^Q \tag{2.14}$$

2.6 端到端结构

$$K = XW^K \tag{2.15}$$

$$V = XW^V \tag{2.16}$$

其中 $X = x_1, x_2, ...$、$Q = q_1, q_2, ...$、$K = k_1, k_2, ...$、$V = v_1, v_2, ...$ 均为矩阵，时序长度相同，每个子单元也均为矩阵，该注意力模块的输出结果为：

$$\text{Attention}(Q, K, V) = \text{Softmax}(QK^T/\sqrt{d_k})V \tag{2.17}$$

其中 $1/\sqrt{d_k}$ 用于尺度缩放，d_k 表示 K 的维度。

Transformer 未使用循环神经网络结构，为了凸显输入信息的时序性，需要给输入的每个单元添加位置信息。Transformer 还使用了残差结构、层规整（Layer Normalization）来进一步增强模型的学习能力。

2.6.5 CTC+Attention

CTC 是一种损失函数，Attention（注意力机制）是一种网络结构，两者可以"强强联合"应用于语音识别，比如 CTC 与注意力网络共享一个编码器，但各自有各自的解码器，如图 2.15 所示，最后将各解码器的解码结果融合在一起[23]。

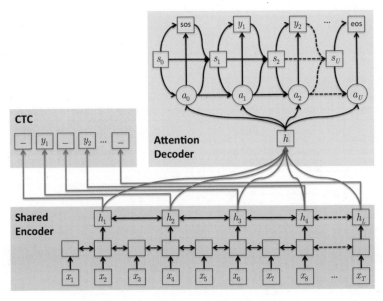

图 2.15　CTC+Attention 结构[23]

2.7 开源工具和硬件平台

开源社区大大加速了计算机科学的研究，深度学习领域的茁壮发展更是深受其益，语音识别领域也赶上了这场浪潮。由于深度学习已成为语音识别的关键技术，多数语音识别工具都需要借助通用型深度学习平台，下面将分别介绍通用的深度学习平台和"术业专攻"的语音识别工具。这些软件工具最终都要依托于硬件计算平台，通用型的 CPU 并不适合神经网络的快速并行计算，下文也将介绍专为神经网络设计的加速器。

2.7.1 深度学习平台

随着深度学习的发展，更先进的计算平台层出不穷。通用深度学习框架提供各种深度学习技术，并可拓展应用于多种任务，比如语音识别、计算机视觉、自然语言处理等，所以语音识别系统的建立并不局限于某个平台。通用深度学习框架的内核语言多为 C++，前端接口语言多支持 Python，这样的搭配使得该学习框架在保持灵活性的同时又不失计算速度。由于神经网络的训练基于梯度下降法，所以自动梯度的功能对深度学习平台来说是必要的。深度学习平台的开发都以 Linux 系统（可能是用得最多的开源软件）为主，表 2.2 归纳了常用深度学习框架的基本信息，有一些框架是对已有框架的进一步封装（如 Keras）。

表 2.2

平台名称	初始开发者	发布时间（年）	主要特点
TensorFlow	Google	2015	高效的产品部署，已集成 Keras
PyTorch	Facebook	2016	动态图，适合科研，已集成 Caffe2
MXNet	Apache 软件基金会	2015	可扩展性强，Amazon 云支持
CNTK	Microsoft	2016	Azure 云集成简单
PaddlePaddle	百度	2016	模型库丰富，官方支持

开源工具的更新换代很快，比如 Theano 已停止维护，有些功成身退的意味，而面对执着于 Lua 语言的 Torch，更多人选择 PyTorch。

面对林林总总的深度学习框架，Microsoft 与 Facebook 发起推出了

ONNX 深度学习模型格式，让用户可以在不同框架之间转换模型。

2.7.2 语音识别工具

语音识别系统有着长久的积淀，并形成了完整的流程（从前端语音信号处理，到声学模型和语言模型的训练，再到后端的解码），而深度学习方法较多地作用于声学模型和语言模型部分（或者端到端模型）。因此，深度学习框架常与专有的语音识别工具相结合，各取所长、相互补短，以减少重复劳动、提高研发效率。表 2.3 列举了部分 GitHub 上社区较为活跃的开源语音识别工具。

表 2.3

工具名称	依托的深度学习平台	支持的模型结构
mozilla/DeepSpeech	TensorFlow	RNN+CTC
kaldi-asr/kaldi	-	GMM/CNN/LSTM/TDNN-HMM, LF-MMI, RNNLM
facebookresearch/wav2letter	-	CTC/Attention/AutoSegCriterion
espnet/espnet	Chainer/PyTorch	CTC/Attention, DNN-HMM, RNN-T
NVIDIA/OpenSeq2Seq	TensorFlow	CTC/Attention

Kaldi[24] 是语音识别工具中的后起之秀，"年轻"是它的优势之一，可以直接汲取前人的经验，吸收当下已成熟的语音技术，没有在历史中的摸爬滚打，避免了积重难返的尴尬。清晰的代码结构，完整的 GMM、WFST 实现，大量适合新手的案例教程，繁荣的开源社区，以及更开放的代码许可，使得 Kaldi 吸引了大批用户。

深度学习广泛应用于语音识别后，Kaldi 先后设计了不同的神经网络架构（nnet1、nnet2、nnet3），其中 nnet3 被越来越多的研究者所使用，相较于其他两种架构，nnet3 采用计算图（Computational Graph）的思路，可以更容易地设计各种类型的网络结构，并支持多任务并行计算，大大缩短训练时间。此外，也可以将 Kaldi 与通用深度学习平台相结合，比如使用 Kaldi 处理语音信号和解码，而用深度学习平台专门处理深度神经网络的训练和推断。

各种开源工具应接不暇，然而善假于物而不囿于物，通晓原理，仍是使用工具的基本原则。后文将利用 Kaldi 部署实验，并对实验中所涉及的相关概念和技术进行梳理。

2.7.3 硬件加速

神经网络的计算多为矩阵计算，我们可以优化已有的计算机芯片（如 CPU，处理单元只是芯片的核心部分，下文不做严格区分），乃至设计专门进行矩阵计算的芯片；针对不同的网络结构，也可以量身定制芯片架构、指令集，进一步提高运算效率。由于不同的深度学习平台有不同的神经网络组织格式，而不同的芯片又有不同的计算要求，为了使软件与硬件深度契合，二者之间需要搭建一个桥梁，即神经网络编译器。

现在的人工智能技术多使用深度学习，深度学习多使用神经网络，所以常说的人工智能加速器、深度学习加速器都是神经网络加速器，其核心处理单元也叫 NPU（Neural Processing Unit）。图2.16展示了两种常见神经网络加速器 GPU、TPU 与 CPU 在内存机制和矩阵计算方式方面的差别。

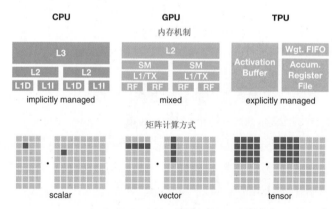

图 2.16　GPU、TPU 与 CPU 在内存机制和矩阵计算方式方面的差别[25]

GPU（Graphics Processing Unit，图形处理器）很多时候是深度学习研究和应用的标配，理所当然地可以看作神经网络加速器，只是如其名，GPU 可以通俗地称为"显卡"，最初是用于图形像素计算的，"阴差阳错"地碰到

2.7 开源工具和硬件平台

了深度学习。因为一幅图像的数据表示形式就是矩阵，所以 GPU 很适合快速的矩阵运算。

为特定的方法或模型设计特定的计算芯片，就是专用集成电路（Application-specific Integrated Circuit，ASIC）设计。TPU（Tensor Processing Unit，张量处理器）是 Google 为深度学习专门设计的 ASIC[26]，这里的 "Tensor" 既是 TensorFlow 里的 "Tensor"，也是 PyTorch 里的 "Tensor"，表明 TPU 可以进行 Tensor（可以看作多维矩阵）级别的计算。图 2.17 展示了 TPU 计算子模块及其最终形态的电路板。

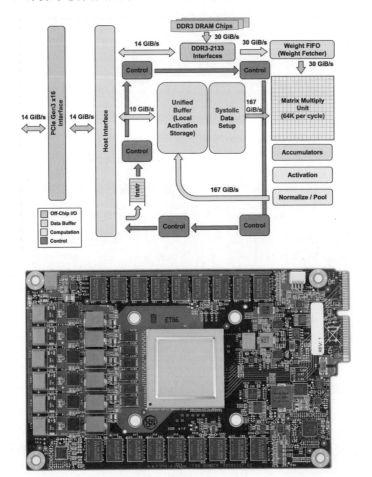

图 2.17 TPU 计算子模块及其最终形态的电路板[26]

现场可编程门阵列（Field Programmable Gate Array，FPGA）也适用

于神经网络芯片的设计，使用 FPGA 的优势是可以自定义方法、实现便捷，但其速度和能耗也会打折扣。

上述几个神经网络加速器类型都属于 AI 芯片的范畴，具有通用性，既可以做训练，也可以做推断，且并不针对特定的神经网络结构。另一类 AI 芯片则多用于推断，即实际产品中的使用，更注重功能。随着深度学习的实用化，出现了很多专注于 AI 芯片的公司，比如寒武纪公司、地平线公司、平头哥公司等。

软件层面上，深度学习框架各有不同，模型的格式和算子各异；硬件层面上，CPU、GPU、TPU 及其他 ASIC 的内存机制和计算方式也各有不同，所以某个模型应用于某种芯片，中间的编译过程是很有必要的，这是使得计算得以顺利进行，以及进一步提高计算效率所必需的。参考文献 [27] 对主要的神经网络编译器及其方法进行了梳理，当下较为常见的神经网络编译器包括 Glow[28]、TVM[25] 等。

2.8 小结

本章分别介绍了声学模型、语言模型、解码器及端到端语音识别方法。声学模型、语言模型是 ASR 的基本模块，解码器将二者联系起来，实例化 ASR 系统。端到端 ASR 系统融合了声学模型和语言模型，但其模型的设计和训练仍会参照声学模型和语言模型的功能，因此声学建模和语言建模是 ASR 的基本概念。本章也对常用的开源工具和硬件平台进行了简介。

3. 完整的语音识别实验

by 汤志远

通过阅读前两章，读者对语音识别有了大体印象，但或许技术流程的细节、原理仍不是太清晰，此时可以花些时间先将每个知识点逐一弄明白，等到面面俱到了再出山，并期望有了一整套理论支撑便能快速地实现一个语音识别系统。这样的线性思维适合一些考试——只要把教材的知识点摸得烂熟，一鼓作气，考个高分就很容易了。要想真正地掌握一门技术，终究是"绝知此事要躬行"。就好像我们修建自己的知识宫殿，不断扩张自己的知识领地，需要一个知识框架，无论粗糙、精致，首先要保证骨架的完整性，然后不断添砖加瓦，一层一层地铺设，每一次都有新面貌、新视野。本章我们从一个完整的语音识别实验开始，先对语音识别的基本步骤做到心中有数，然后才是局部的深化和装点。

使用 Thchs30 数据库和 Kaldi 可以快速实现一个基于 DNN-HMM 结构的语音识别系统。本章先行实现该系统的训练和解码，接下来的几章将简要介绍几大步骤及每步生成的文件构成。为了更好地说明多个语音任务的训练步骤，作者将最上层的训练脚本重新做了组织，其中所调用的脚本和 Kaldi 可执行命令与官方 Kaldi 没有任何区别。组织后的脚本放于 https://github.com/tzyll/kaldi 下的 egs/cslt_cases，下文的文件引用将省去这些路径，各子目录中的 steps 和 utils 软链接的是各个案例公用的标准目录，放于 egs/wsj 目录下，steps 包含的文件与系统训练和解码步骤直接相关，utils 包含一些可能会用到的实用工具，下文以 steps 和 utils 为开头的文件引用都来自这两个目录，不再标明相应出处。

3.1 语音识别实验的步骤

参照 README，在 Linux 系统下安装好 Kaldi，进入 asr_baseline，其中上层脚本 run.sh 包含了 DNN-HMM 语音识别系统从前期数据准备到最后解码的整个过程，该脚本对语音识别各个步骤进行了封装，每个步骤的脚本又是对更底层细节的封装。归根结底，大部分命令会寻至 Kaldi 编译出来的 C++ 可执行程序，这些 C++ 可执行程序基本放在 kaldi/src 中以 bin 结尾的目录中，其名可望文生义，从而使我们快速了解这些程序的功能，关于这些功能，代码本身和 Kaldi 文档中有详细介绍。通过 run.sh 中的代码注释可速览整个语音识别的流程，本节剩余部分将对 run.sh 里的代码分段进行讲解，且为了阅读方便，删除了部分注释，但代码运行部分保持不变。

第一段代码如下：

```bash
#!/bin/bash

. ./cmd.sh
. ./path.sh
n=8 # parallel jobs
set -euo pipefail
```

`cmd.sh` 中对计算资源的使用进行了说明，包括是单机还是并行的、内存占用等；`path.sh` 中包含了 Kaldi 所需的各种环境设置。值得注意的是，目前 Kaldi 使用的 Python 版本仍为 2.0 版本，Kaldi 通过 `path.sh` 对此进行了设置。

3.1 语音识别实验的步骤

第二段代码如下：

```
###### Bookmark: basic preparation ######

# corpus and trans directory
thchs=/nfs/public/materials/data/thchs30-openslr

# you can obtain the database by uncommting the
    following lines
# [ -d $thchs ] || mkdir -p $thchs
# echo "downloading THCHS30 at $thchs ..."
# local/download_and_untar.sh $thchs
    http://www.******.org/resources/18 data_thchs30
# local/download_and_untar.sh $thchs
    http://www.******.org/resources/18 resource
# local/download_and_untar.sh $thchs
    http://www.******.org/resources/18 test-noise

# generate text, wav.scp, utt2pk, spk2utt in
    data/{train,test}
local/thchs-30_data_prep.sh $thchs/data_thchs30
```

语音识别系统训练的原始数据集有各种不同的组织形式，但都需要统一整理成 Kaldi 所需的目录结构及文件格式。在4.1节"数据准备"中将更详细地介绍 Kaldi 所需的基本数据格式。本书使用的 Thchs30 数据集可以通过代码注释中的链接（OpenSLR 是语音识别领域的共享网站）进行下载。

第三段代码如下：

```
###### Bookmark: language preparation ######

# prepare lexicon.txt, extra_questions.txt,
    nonsilence_phones.txt, optional_silence.txt,
```

```
      silence_phones.txt
 4  # build a large lexicon that invovles words in
      both the training and decoding, all in data/dict
 5  mkdir -p data/dict;
 6  cp $thchs/resource/dict/{extra_questions.txt,
      nonsilence_phones.txt,optional_silence.txt,
      silence_phones.txt} data/dict && \
 7  cat $thchs/resource/dict/lexicon.txt
      $thchs/data_thchs30/lm_word/lexicon.txt | \
 8  grep -v '<s>' | grep -v '</s>' | sort -u >
      data/dict/lexicon.txt
 9
10
11  ###### Bookmark: language processing ######
12
13  # generate language stuff used for training
14  # also lexicon to L_disambig.fst for graph making
      in local/thchs-30_decode.sh
15  mkdir -p data/lang;
16  utils/prepare_lang.sh --position_dependent_phones
      false data/dict "<SPOKEN_NOISE>"
      data/local/lang data/lang
17
18  # format trained or provided language model to
      G.fst
19  # prepare things for graph making in
      local/thchs-30_decode.sh, not necessary for
      training
20  mkdir -p data/graph;
21  gzip -c $thchs/data_thchs30/lm_word/word.3gram.lm
```

3.1 语音识别实验的步骤

```
         > data/graph/word.3gram.lm.gz
22  utils/format_lm.sh data/lang
         data/graph/word.3gram.lm.gz
         $thchs/data_thchs30/lm_word/lexicon.txt
         data/graph/lang
```

语音识别的任务是将语音转换成文本,因此除了上一步准备的音频数据及其相关信息,还需要准备语言相关信息(包括发音词典、语言模型等)。在4.1节"数据准备"中将会进行更详细的介绍。

第四段代码如下:

```
1  ###### Bookmark: feature extraction ######
2
3  # produce MFCC and Fbank features in
       data/{mfcc,fbank}/{train,test}
4  rm -rf data/mfcc && mkdir -p data/mfcc && cp -r
       data/{train,test} data/mfcc
5  rm -rf data/fbank && mkdir -p data/fbank && cp -r
       data/{train,test} data/fbank
6  for x in train test; do
7      # make mfcc and fbank
8      steps/make_mfcc.sh --nj $n --cmd "$train_cmd"
         data/mfcc/$x
9      steps/make_fbank.sh --nj $n --cmd "$train_cmd"
         data/fbank/$x
10     # compute cmvn
11     steps/compute_cmvn_stats.sh data/mfcc/$x
12     steps/compute_cmvn_stats.sh data/fbank/$x
13 done
```

这一步是声学特征提取,即将原始音频通过信号处理手段转换成机器更容易处理的形式。4.2节"声学特征提取"中将介绍常用的 FBank、MFCC

特征的提取方式。这里还计算了倒谱均值方差归一化（Cepstral Mean and Variance Normalization，CMVN）系数用于声学特征的规整化，该方法旨在提高声学特征对说话人、录音设备、环境、音量等因素的鲁棒性。

第五段代码如下：

```
###### Bookmark: GMM-HMM training & decoding ######

# monophone
steps/train_mono.sh --boost-silence 1.25 --nj $n
    --cmd "$train_cmd" data/mfcc/train data/lang
    exp/mono
# test monophone model
local/thchs-30_decode.sh --nj $n "steps/decode.sh"
    exp/mono data/mfcc &
# monophone ali
steps/align_si.sh --boost-silence 1.25 --nj $n
    --cmd "$train_cmd" data/mfcc/train data/lang
    exp/mono exp/mono_ali

# triphone
steps/train_deltas.sh --boost-silence 1.25 --cmd
    "$train_cmd" 2000 10000 data/mfcc/train
    data/lang exp/mono_ali exp/tri1
# test tri1 model
local/thchs-30_decode.sh --nj $n "steps/decode.sh"
    exp/tri1 data/mfcc &
# triphone_ali
steps/align_si.sh --nj $n --cmd "$train_cmd"
    data/mfcc/train data/lang exp/tri1 exp/tri1_ali

# lda_mllt
```

3.1 语音识别实验的步骤

```
18  steps/train_lda_mllt.sh --cmd "$train_cmd"
        --splice-opts "--left-context=3
        --right-context=3" 2500 15000 data/mfcc/train
        data/lang exp/tri1_ali exp/tri2b
19  # test tri2b model
20  local/thchs-30_decode.sh --nj $n "steps/decode.sh"
        exp/tri2b data/mfcc &
21  # lda_mllt_ali
22  steps/align_si.sh  --nj $n --cmd "$train_cmd"
        --use-graphs true data/mfcc/train data/lang
        exp/tri2b exp/tri2b_ali
23
24  # sat
25  steps/train_sat.sh --cmd "$train_cmd" 2500 15000
        data/mfcc/train data/lang exp/tri2b_ali
        exp/tri3b
26  # test tri3b model
27  local/thchs-30_decode.sh --nj $n
        "steps/decode_fmllr.sh" exp/tri3b data/mfcc &
28  # sat_ali
29  steps/align_fmllr.sh --nj $n --cmd "$train_cmd"
        data/mfcc/train data/lang exp/tri3b
        exp/tri3b_ali
30
31  # quick
32  steps/train_quick.sh --cmd "$train_cmd" 4200 40000
        data/mfcc/train data/lang exp/tri3b_ali
        exp/tri4b
33  # test tri4b model
34  local/thchs-30_decode.sh --nj $n
```

```
              "steps/decode_fmllr.sh" exp/tri4b data/mfcc &
35      # quick_ali
36      steps/align_fmllr.sh --nj $n --cmd "$train_cmd"
              data/mfcc/train data/lang exp/tri4b
              exp/tri4b_ali
```

GMM-HMM 的训练是一个不断引入新手段、不断磨炼的过程，新的模型"站"在旧的模型的"肩膀"上，循环往复。具体迭代优化形式为，旧的模型对数据进行标记，再使用标记后的数据来训练新的模型，这样旧的模型所学到的知识通过标记的形式传递给了新的模型，这是迁移学习的一种形式。图 3.1 展示了 DNN-HMM 结构的训练过程，其中包括 GMM-HMM 反复训练的过程，以及其后利用其强制标记（或强制对齐）的结果再训练 DNN 的过程。

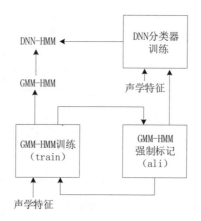

图 3.1　DNN-HMM 结构的训练过程

DNN-HMM 结构的训练过程的具体步骤是：第一步，先通过 EM 算法训练 GMM-HMM，再利用训练好的 GMM-HMM 对数据进行强制标记（即打标签，标签为 Senone，因为刚开始只知道整条语音对应的整条文本，所以初始化标签是模糊的），接着用强制标记后的数据重新训练 GMM-HMM（配置会有改变），循环往复，直到训练出一个较好的 GMM-HMM，并对数据进行强制标记；第二步，利用标签数据进行典型的 DNN 分类器训练；第三步，将 GMM-HMM 中计算发射概率的 GMM 替换为 DNN。

3.1 语音识别实验的步骤

上面代码中引入的新手段分别是：

- 三音素（Triphone），考虑音素的上下文，三音素则只考虑左邻右舍各一个音素，比如同样是"a"，因其上下文不一样，"a"便有了多个变种，每个变种都可以独立门户作为一个新的音素；
- LDA+MLLR，使用线性判别分析（Linear Discriminant Analysis，LDA）和最大似然线性回归（Maximum Likelihood Linear Regression，MLLR）技术对声学特征进行线性变换，使其对不同音素更加具有区分性；
- SAT，说话人自适应训练（Speaker Adaptive Training），具体采用了fMLLR（feature-space MLLR，特征空间 MLLR）方法，目的是提高语音识别系统的说话人无关性。

第六段代码如下：

```
###### Bookmark: DNN training & decoding ######

# train tdnn model
tdnn_dir=exp/nnet3/tdnn
local/nnet3/run_tdnn.sh data/fbank/train
    exp/tri4b_ali $tdnn_dir

# decoding
graph_dir=exp/tri4b/graph_word # the same as gmm
steps/nnet3/decode.sh --nj $n --cmd "$decode_cmd"
    $graph_dir data/fbank/test
    $tdnn_dir/decode_test_word
```

这一步定义了 TDNN 结构，并利用 GMM-HMM 强制标记的结果作为目标进行有监督学习。DNN-HMM 相比于 GMM-HMM 结构，只是计算 HMM 中发射概率的方式发生了改变，因此仍然可以使用 GMM-HMM 的解码图。

第七段代码如下：

```
###### Bookmark: discriminative training &
```

```
      decoding ######
 
# mmi training
criterion=mmi # mmi, mpfe or smbr
local/nnet3/run_tdnn_discriminative.sh --criterion
    $criterion $tdnn_dir data/fbank/train

# decoding
steps/nnet3/decode.sh --nj $n --cmd "$decode_cmd"
    $graph_dir data/fbank/test
    ${tdnn_dir}_$criterion/decode_test_word
```

这段代码在 DNN-HMM 的基础上进行了区分性训练，即更换了损失函数后对神经网络声学模型的参数又进行了微调优化，其解码过程与进行区分性训练之前相同。

3.2 语音识别实验的运行

根据服务器配置，设置 cmd.sh，其中"train_cmd""decode_cmd""cuda_cmd"分别表示训练任务、解码任务、GPU 训练任务可以调用的机器或机器集群。具体地，"run.pl"表示本机运行，"queue.pl"表示使用 Grid Engine[1]集群，如 OGS/GE，并可通过运行 `qconf -sql` 查看服务器已有的集群配置文件，并将其作为 queue.pl 的参数。

执行 run.sh（通常后台形式，如 `nohup ./run.sh > run_asr.log &` ），可以从 0 到 1 实现整个语音识别系统的训练和解码，并可以根据日志文件查看实验进度。日志是程序开发的重要文件，可以通过阅读日志跟踪、了解系统的运行内容，也可以根据日志快速定位、调试错误。Kaldi 的每一个关键步骤都会生成日志，存放于输出目录中的 log 目录或以 .log 结尾的文件中，这些日志文件是学习和使用 Kaldi 必不可少的材料。

---

[1]该版本由 Open Grid Scheduler 项目支持。

3.3 其他语音任务案例

> 执行 `../path.sh` 命令，使得在当前 shell 下，可以直接调用 Kaldi 编译出来的 C++ 可执行程序和相关脚本，方便进一步分析和使用，比如将中断的语句单独取出，并于命令行运行，可加快调试。当不加任何参数直接运行这些程序或脚本时，命令行会输出相关的使用方法。

3.3 其他语音任务案例

语音相关的常规任务包括语种识别（Language Recognition）、说话人识别（Speaker Recognition）等，相关案例参见 GitHub 上的 cslt_cases/{lre_baseline, sre_dvector, sre_ivector}。此外，Kaldi 针对说话人识别还提供了 x-vector（egs/sre16）系统。

关于语音识别的端到端学习，相关案例参见 GitHub 上的 mozilla/DeepSpeech、srvk/eesen、espnet/espnet、facebookresearch/wav2letter 等。

3.4 小结

本章通过语音识别实验的上层脚本，大致地介绍了 DNN-HMM 语音识别训练和解码的流程，通过这样的流程，不用深究模型设计和训练的具体细节，即可快速搭建一套语音识别系统。第 4 章将详细介绍数据的准备、神经网络模型的设计等内容，从而自定义要识别的语种、使用的语料量、模型结构等。

4. 前端处理

by 汤志远

模型的训练由数据驱动，有些数据是必须要准备的。为了让机器学会将语音转换为文本，首先需要给它提供大量的例子，即语音及其对应的文本，这是原始素材，也最能反映学习目的。这些数据的符号化和结构化则需要一些人类先验知识，包括语言知识和数字信号处理的相关手段。

4.1 数据准备

1. 基本数据

run.sh 中的 Bookmark: basic preparation 对 Thchs30 原始数据进行了形式上的处理，以适应 Kaldi 的需要。一个常规的有监督语音识别数据集必然包括一一对应的语音和文本，说话人的信息有好处但非必要。Thchs30 经过初步处理后得到四种文本文件，可以直接打开并查看（比如训练集放在 data/train 下），这四个文件也是 Kaldi 的必需文件：

4.1 数据准备

- wav.scp，每条语音的 ID 及其存储路径。
- text，每条语音的 ID 及其对应文本。
- utt2spk，每条语音的 ID 及其说话人 ID。
- spk2utt，每个说话人的 ID 及其所说语音的所有 ID，使用 utils/spk2utt_to_utt2spk.pl 或 utils/utt2spk_to_spk2utt.pl 可实现 spk2utt 和 utt2spk 的相关转换。

对于不同数据源或任务，可能需要另外准备一些文件，比如 segments 文件标记每个语音片段属于某条语音的哪一部分，文件格式形如 "<segment-id> <recording-id> <start-time> <end-time>"，时间以秒计，可以通过 `extract-segments` 命令读取此文件，然后对音频进行批量剪切并保存为 Kaldi 支持的格式（`sox` 也可逐条切割音频）；spk2gender 文件标明每个说话人的性别，用于性别识别；utt2lang 文件标明每条语音 ID 对应的语种 ID，用于语种识别。由于不同的数据集有不同的编排，并没有统一的工具提取出以上文件。在根据某个数据集自行生成以上类别的文件并用 `sort` 命令进行排序后，可以使用 `utils/validate_data_dir.sh` 命令校验是否满足 Kaldi 需求，并使用 `utils/fix_data_dir.sh` 命令进行修复。根据数据校验和修复脚本也可侧面了解 Kaldi 支持的文件类型和格式。

> ⓣ utt2spk 和 spk2utt 是 Kaldi 处理所必需的，有时如果不能提供说话人信息，可以"伪造"，比如每条语音的说话人 ID 直接使用这条语音的 ID，这对语音识别性能影响不大，但在做说话人识别任务时，务必要提供真实的说话人信息。此外，两个文件都需要按第一列排序，为保证二者顺序的总体一致性，通常句子 ID 的前缀设置为说话人 ID。

2. 语言资料

语言知识方面，Kaldi 至少需要以下文件，见 Bookmark: language preparation，存放于 data/dict 下：

- lexicon.txt，发音词典，即每个词与其所对应的音素串，格式为 "word phone1 phone2 phone3 ..."，中文韵母具有不同的音调，可添加后缀，例如 "1"（一声）、"2"（二声）、"3"（三声）、"4"（四声）、"5"（轻声)。

- lexiconp.txt，与 lexicon.txt 作用相同，多了发音概率，是人工设置的先验假设，格式为"word pronunciation-probability phone1 ..."，可由系统通过 lexicon.txt 自动生成（此时所有词的概率相同），二者提供一个即可，优先使用 lexiconp.txt。
- silence_phones.txt，静音类音素，包括静音（sil 或者 SIL）、噪声、笑声等非语言直接相关的伪音素，同一行的音素是某一个音素的不同变体（重音、音调方面），故可共享决策树根。
- nonsilence_phones.txt，语言直接相关的真实音素，同一行的音素是某一个音素的不同变体（重音、音调方面），故可共享决策树根。
- optional_silence.txt，备用的静音类音素，一般直接来自 silence_phones.txt 中的 sil 或者 SIL。
- extra_questions.txt，可为空，同一行的音素有相同的重音或音调，与 GMM 训练中自动生成的"questions"一同用于决策树的生成。

对于同一种语言，基于新的数据集训练系统，上述语言资料都可以直接移植并复用。运行命令 `egs/wsj/s5/local/wsj_prepare_dict.sh` 可以看到如何利用 CMU 英语发音词典（脚本中包含下载地址）构建出其他所需文件，Thchs30 中文数据集提供了准备好的语言资料。发音词典应尽可能覆盖训练语料，且基于已有的音素表，可更改或扩充发音词典，以适用于不同的领域或场景。至此，Kaldi 用于语音识别系统训练的数据都齐全了，后面要做的便是 Kaldi 对这些数据的自动处理和使用。

> 在决策树的生成过程中，nonsilence_phones.txt 用于音素的合并，extra_questions.txt 用于音素的分离，然而前者中的一行如果由同一个基音素衍生出来，具有不同的重音或音调，则在后者中常常会处于不同的行，这时要保留根源性，以前者为准。

Bookmark: language processing 中的 `utils/prepare_lang.sh` 对 data/dict 进行了处理，得到 data/lang。选项"position_dependent_phones"指明是否使用位置相关的音素，即是否根据一个音素在词中的位置将其加上不同的后缀："_B"（开头）、"_E"（结尾）、"_I"（中间）、"_S"（独立成

4.1 数据准备

词）。参数"<SPOKEN_NOISE>"取自 lexicon.txt，后续处理中所有集外词（Out Of Vocabulary，OOV）都用它来代替。lang 中生成如下文件：

- phones.txt，将所有音素一一映射为自然数，即音素 ID，引入"<eps>"（epsilon）、消歧（Disambiguation）符号"#n"（n 为自然数），便于 FST 处理。
- words.txt，将词一一映射为自然数，即词 ID，引入"<eps>"（epsilon）、消歧符号"#0"、"<s>"（句子起始处）、"</s>"（句子结尾处），便于 FST 处理。
- oov.txt，oov.int，集外词的替代者（此处为 <SPOKEN_NOISE>）及其在 words.txt 中的 ID。
- topo，各个音素 HMM 模型的拓扑图，第 2 章提过将一个音素（或三音素）表示成一个 HMM，此文件确定了每个音素使用的 HMM 状态数及转移概率，用于初始化单音素 GMM-HMM，可根据需要自行修改（并用 `utils/validate_lang.pl` 进行校验），实验中静音音素用了 5 个状态，其他音素用了 3 个状态。
- L.fst，L_disambig.fst，发音词典转换成的 FST，即输入是音素，输出是词，两个 FST 的区别在于后者考虑了消歧。
- phones 是 dict 的拓展，内部文件均可以文本形式打开查看，后缀为 txt/int/csl 的同名文件之间是相互转换的，其中 context_indep.txt 标明了上下文无关建模的音素，通常为静音音素，wdisambig.txt/wdisambig_phones.int/wdisambig_words.int 分别标明了 words.txt 引入的消歧符号（#0）及其在 phones.txt 和 words.txt 中的 ID，roots.txt 定义了同一行音素的各个状态是否共享决策树的根及是否拆分，对应的音素集则存放于 sets.txt 中。

> (T) 消歧是为了确保发音词典能够得到一个确定性的（Deterministic）WFST。如果有些词对应的音素串是另一些词对应的音素串的前缀，比如 good 的音素串是 goodness 的前半段音素串，则需要在前者对应的音素串后面加入消歧音素，破坏这种前缀关系。这样，WFST 中一个词的路径就不会包含于另一个词的路径中。

我们可以使用现有的 ARPA 格式的统计语言模型，也可以通过文本训练（如使用 Kaldi LM 工具或 SRILM 工具包的 `ngram-count`，具体训练方法可参照 GitHub 上的 egs/fisher_swbd/s5/local/fisher_train_lms.sh）得到 ARPA 格式的统计语言模型。`utils/format_lm.sh` 将该 ARPA 格式的统计语言模型转换为 G.fst，即输入是词，输出也是词，与 data/lang 中的文件一同放在 data/graph/lang 下，用于后面制作解码图，与模型的训练无关。

4.2 声学特征提取

原始音频信号可以直接作为模型的输入，只是在保守情况下，如数据不足、计算力薄弱时，更讨好的做法是先将其由时域信号转换为频域信号，借鉴人耳的处理机制，最终产生声学特征。声学特征提取使得语音信息更容易暴露，大大降低算法优化的压力，某种程度上也起到降维的作用，提高计算效率，比如 16 kHz 下的 25 ms 共 400 个数值可转换为 40 维的声学特征。

Bookmark: feature extraction 分别提取音频的 MFCC（Mel Frequency Cepstral Coefficient，梅尔频率倒谱系数）和 Mel FBank（Mel Filter Bank，梅尔滤波器组）两种声学特征，并计算两者关于说话人的倒谱均值和方差统计量，用于 CMVN（Cepstral Mean and Variance Normalization）标准化。

计算 MFCC 和 FBank 之前需要通过 conf/{mfcc.conf,fbank.conf} 设置相关选项，可通过命令行运行 `compute-mfcc-feats` 和 `compute-fbank-feats` 得知可设置哪些选项，每个选项基本都有合理的默认值。MFCC 是基于 FBank 生成的，Kaldi 将两种特征的计算过程分别包装成两个命令。MFCC 特征的各维度之间具有较弱的相关性，适合 GMM 的训练，FBank 相比 MFCC 保留了更原始的声学特性，多用于 DNN 的训练。两种特征需要注意的选项有：

- sample-frequency，音频的采样频率，默认为 16000（16 kHz），如果真实数据与此不同则需要指明。
- num-mel-bins，梅尔滤波器个数，两种特征兼有，对 FBank 来说也是最终特征维度（通常设为 40）。
- num-ceps，倒谱个数，也是最终特征维度，MFCC 特征专有，须不大于 num-mel-bins，通常使用默认值 13，首维较为特殊，为第 0 个倒谱系数，即 C0，如果 use-energy 设为 true，则首维替换为能量值（对

4.2 声学特征提取

数形式)。

- use-energy，对 MFCC 来说，该选项表示计算时是否使用"energy"，GMM-HMM 的训练通常将其设置为"false"，对 FBank 来说，该选项表示计算时是否在特征首部多加一维能量值，`compute-vad` 使用 MFCC 或 FBank 中的能量值用于语音活动检测（Voice Activity Detection，VAD）时，此选项须设为"true"。

实验中对于训练集，MFCC 和 FBank 及它们的均值和方差统计量分别存放在 data/mfcc/train 和 data/fbank/train 的 data 目录下，以".ark"（archive，存档文件）和".scp"（script，前者的索引文件）格式同步存在，最终将所有索引文件合并放入上一级目录中，即 feats.scp 和 cmvn.scp。通过索引文件可以找到每条语音特征数据的存放位置，并可通过 `copy-feats` 命令以文本形式打印出来，每条语音的声学特征都以矩阵形式存储，每一行为一帧，宽度即为特征维度（可用 `feat-to-dim` 命令查看），行数即为帧数，不同长度的语音有不同的帧数，可用 `feat-to-len` 命令查看每条或所有语音的总帧数（考虑到每帧的跨度和步移，有助于估算语音的总时长，大体等于总帧数与步移之积）。

> (T) Kaldi 以 ark 和 scp 两种格式同步存储文件，相关命令对这些数据进行读写(I/O)时需要特别注明，并可添加相关选项，下面是 `copy-feats` 命令的几个使用示例。
> (1) 读 ark，写文本 ark：
> `copy-feats ark:raw_mfcc_train.1.ark ark,t:tmp.ark`
> (2) 读 scp，写文本 ark：
> `copy-feats scp:feats.scp ark,t:tmp.ark`
> (3) 读 scp，写二进制 ark：
> `copy-feats scp:feats.scp ark:tmp.ark`
> (4) 读 ark，写二进制 ark、scp：
> `copy-feats ark:raw_mfcc_train.1.ark ark,scp:tmp.ark,tmp.scp`
> (5) 读写 scp 时，忽略数据丢失错误：
> `copy-feats scp,p:feats.scp ark,scp,p:tmp.ark,tmp.scp`
> 另外，同时写 ark 和 scp 时，ark 须放在 scp 前面；scp 不能单独写入；选项相对于 ark/scp 的位置不分先后；多种选项可以同时存在。

提取声学特征的目的是在保证音素可辨的情况下，增强信号对说话人、噪声、信道等的鲁棒性，常用的声学特征有 FBank、MFCC、PLP（Perceptual Linear Prediction，感知线性预测）等。Kaldi 中使用 `compute-plp-feats` 命令提取 PLP 特征。下面以 MFCC 特征为例说明其产生的主要步骤。声学特征提取需要预先对音频做一些处理，并将其转换至频域，进一步产生 FBank 和 MFCC 特征，综合起来，大体上主要有如图 4.1 所示的流程。

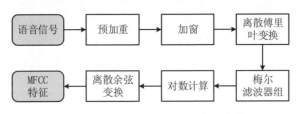

图 4.1　MFCC 特征的提取流程

4.2.1　预加重

语音中有频谱倾斜（Spectral Tilt）现象，即低频具有较高能量。因此，需要加重高频语音的能量，使得高频信息凸显出来，其计算方法为

$$x'[t] = x[t] - \alpha x[t-1] \tag{4.1}$$

其中，$x[t]$ 表示音频数据（可以看成一个向量）的第 t 个采样点，α 通常取值范围是 $(0.95, 0.99)$。预加重之前可以先对音频进行抖动（Dithering），抖动是信号处理常用的手段，它将信号加入低剂量随机噪声，可有效降低录制音频时模数转换产生的量化误差（Quantization Error），似一种以其人之道还治其人之身的方法。

4.2.2　加窗

特征提取时，每次取出窗长为 25 ms 的语音，进行离散傅里叶变换计算出一帧，然后步移 10 ms 继续计算下一帧，这种加窗类型就是矩形窗（Rectangular Window）。棱角分明的矩形窗容易造成频谱泄露（Spectral Leakage），可以选择使用钟形窗，如海明窗（Hamming Window）、汉宁窗（Hanning Window）等。加窗（Windowing）的计算方法为

$$x'[n] = w[n]x[n] \tag{4.2}$$

4.2 声学特征提取

其中 $x[n]$ 是所取窗口（窗口总长为 N，即总共有 N 个采样点）之内的第 n 个采样点，$w[n]$ 是与之对应的权重，不同的加窗方式则体现在 w 的取值上，以 $N=400$（16 kHz × 25 ms）为例，图 4.2 展示了不同窗口的形状。本质上，加窗计算也是卷积（Convolution）。

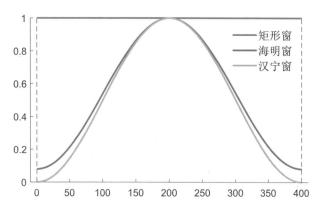

图 4.2　不同窗口的形状（从上到下分别为矩形窗、海明窗、汉宁窗）

4.2.3 离散傅里叶变换（DFT）

DFT 从每一段加窗后的音频中分别提取出频域信息，计算方式为

$$\boldsymbol{X}[k] = \sum_{n=0}^{N-1} \boldsymbol{x}[n]\exp(-j\frac{2\pi}{N}kn), \quad 0 \leq k < N \tag{4.3}$$

通过复数 $\boldsymbol{X}[k]$ 可计算第 k 个频段的幅度（Magnitude）和相位（Phase），幅度之于频率的坐标图即频谱（Spectrum），一段语音的所有频谱按时间顺序横排在一起便是这段语音的频谱图（Spectrogram），如第 1 章的图 1.6 所示，每一列都是一个频谱（颜色明暗表示数值大小）。

DFT 的一个实现方法是快速傅里叶变换（Fast Fourier Transform，FFT），可将时间复杂度从 $O(N^2)$ 降为 $O(N\log_2 N)$，但需要保证窗长 N 是 2 的指数，如果原窗长不满足此条件，一般在音频信号 $\boldsymbol{x}$ 末尾补零，如 400 的窗长可扩展为 512。

频谱的具体计算中，通常用 $|\boldsymbol{X}[k]|^2$ 表示第 k 个频段的能量值（忽略了相位信息），记为 Power Spectrum（既是功率频谱，也是幂的频谱），并根据奈奎斯特频率（Nyquist Frequency），只取其前半段（比如 512 的频数，

取其前 $512 \times 1/2 + 1$）作为最终的输出结果。声学特征多基于频谱提取出来，甚至就使用频谱本身，`compute-spectrogram-feats` 可用于频谱特征的提取。

4.2.4 FBank 特征

人耳对不同频率的感知程度不一样，频率越高，敏感度越低，所以人耳的频域感知是非线性的，梅尔刻度（Mel Scale）正是刻画这种规律的，它反映了人耳线性感知的梅尔频率（Mel Frequency）与普通频率之间的关系，梅尔频率 $\mathrm{Mel}(f)$ 与普通频率 f 的转换公式为

$$\mathrm{Mel}(f) = 1127\ln(1 + \frac{f}{700}) \tag{4.4}$$

将频谱规划到梅尔刻度上，能有效促进语音识别系统的性能，实现方法是梅尔滤波器组（Mel Filter Bank）。具体地，将上一节输出的能量频谱通过如图 4.3 所示的三角滤波器组（Triangular Filter Bank）得到梅尔频谱，计算方式与加窗类似，越往高频，滤波器窗口越大，窗口扩大的量级则与梅尔刻度一致。滤波器的个数就是梅尔频段的总数目，通常取为几十。梅尔频谱的能量数值取对数，最终得到的结果就是常说的 FBank 特征。人类对能量强弱的感知是符合对数关系的，所以对数计算增强了特征的鲁棒性。用于 DNN 训练时，FBank 的维度就是梅尔滤波器的个数，常取 20 到 40 之间的数。

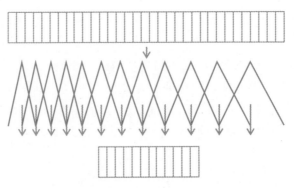

图 4.3　三角滤波器组的工作方式

4.2 声学特征提取

> (T) 梅尔滤波器的计算方式与加窗类似,只是窗口跨度依次变大,也属于卷积运算,故可使用卷积神经网络自动学习更加合理的滤波器组。

4.2.5 MFCC 特征

1. 倒谱(Cepstrum)

FBank 中含有基频(Fundamental Frequency,F0)的谐波(Harmonic),可简单理解为频谱中的毛刺,不利于整体轮廓即包络(Envelope)的显现,且各维度之间具有较高的相关性,不适宜 GMM 学习。生理上,谐波源于声带(Vocal Cord),而真正对具体音素进行调节的是声道(Vocal Tract),MFCC 的目的便是消除与音素判别关系不大的谐波,保留包络信息。FBank 特征通过对每帧进行离散傅里叶逆变换(Inverse Discrete Fourier Transform,IDFT)将包络与谐波分开,这个过程等价于对每帧 FBank 进行离散余弦变换(Discrete Cosine Transform,DCT),生成结果记为倒谱(Cepstrum 由 Spectrum 字母倒换而来)。倒谱的维度不大于 FBank 维度,倒谱的低段位系数(通常指前 13 个)可以描述频谱包络,即梅尔频率倒谱系数 MFCC。Spectrum 是频域,相对地 Cepstrum 则是时域。

当使用 `compute-mfcc-feats` 计算 MFCC 时,如需添加一维能量(Energy)值,则由该帧下所有音频采样点取值的平方和计算(常取对数)得到,并替换 MFCC 的第一个系数(C0),若 num-ceps 设为 13,则 MFCC 特征为 Energy + 12 MFCCs。

> (T) 声学特征提取中多次用到对数计算,对数计算在其他地方也有很多好处,比如它可以一定程度地增加非线性,平滑数据;缩小数据范围,防止溢出;将乘(除)变成加法,方便计算;与 Softmax(神经网络的一种激活函数)合用便于梯度计算和传递等。

2. 动态特征(Dynamic Feature)

语音是时序信号,故声学特征的帧与帧之间并不是孤立的,是连续变化的,前后的变化往往包含一些声音线索,动态特性可以显示特征随时间变化的程度,常采用一阶差分、二阶差分,一阶差分的计算方法为

$$d[t] = \frac{c[t+1] - c[t-1]}{2} \tag{4.5}$$

其中，$c[t]$ 表示第 t 帧 MFCC 特征，二阶差分则是一阶差分的差分，通过 `add-deltas` 命令可以完成一阶差分、二阶差分的计算。所以通常用来训练 GMM 的声学特征共 39 维（Δ 表示一阶差分）：

12 MFCCs + Energy（13 维）；

12 Δ MFCCs + Δ Energy（13 维）；

12 Δ^2 MFCCs + Δ^2 Energy（13 维）。

最后，Kaldi 通过 `compute-fbank-feats` 和 `compute-mfcc-feats` 综合以上过程分别计算 FBank 和 MFCC 特征，并通过设置相关选项调节各个步骤的计算，比如通过 "preemphasis-coefficient" 选项设置预加重系数，通过 "window-type" 选项设置加窗类型。

4.3 小结

前端声学特征提取是加入人类先验知识的重要步骤，也是研究者进行手工表征设计的必要积累，将有效地减轻后期机器学习的负担。本章对声学特征提取的各个步骤进行了详细的说明，其过程可以作为语音识别系统的通用前端，研究目标可以放在后面的声学模型或语言模型上。

5. 训练与解码

by 汤志远

　　上文花了一些笔墨来介绍前端数据准备的过程，其一是为了尽快满足 Kaldi 入口的需求，以促成一个语音识别系统；其二，当 Kaldi 与其他深度学习平台协作用于语音识别时，前端声学特征提取常常依赖于 Kaldi；再者，即使不使用 Kaldi 来搭建语音识别系统，常规声学特征（如 FBank）提取的基本流程是大同小异的。因此，首先掌握语音数据的前端处理，将语音信号转换为标准数学形式（即向量、矩阵）的声学特征，并把主要精力集中在模型的设计和训练上，有助于语音识别系统的快速迭代。

　　语音识别研究的重心终究是模型的设计、训练和解码。无论是 GMM-HMM 还是 DNN-HMM，都是枝繁叶茂的，均可独立成章，而且 DNN 本身即一大方向，无法简单概括，所以下面只简要介绍 Kaldi 中模型训练和解码的基本实施过程。

5.1 GMM-HMM 基本流程

帧级别的声学特征准备好之后，对应的音素串标签可以通过查询发音词典并转换文本获得，接下来便是 GMM-HMM 的训练。

5.1.1 训练

在 GMM-HMM 训练中 HMM 的转移概率也可以更新，但参数量和计算量远小于 GMM，所以接下来的 Bookmark: GMM-HMM training & decoding 主要进行 GMM 参数的训练。我们在 2.2 节中提过，每个音素（或三音素）用一个 HMM 建模，每个 HMM 状态的发射概率对应一个 GMM。因此，通俗点说，GMM-HMM 的目的是找到每一帧属于哪个音素的哪个状态。GMM-HMM 的训练使用自我迭代式的 EM 算法，每一次 EM 后都比自己进步一点点；接下来新一代 GMM-HMM 继承父辈的成果（上一代 GMM-HMM 标记的数据），从头开始学习，青出于蓝，每一代都比上一代进步一大截。这是 GMM 的进化史，每一代都发挥自己的最大潜力，然后把基业交给更具潜力的下一代：训练模型，测试模型性能（对训练来说不是必需的），用模型标记数据，完成一个生命周期，再用标记的数据训练新的模型，循环往复下去。所谓"标记"是指现阶段模型计算出哪一帧属于哪一个音素的哪个状态。实验中经历了 5 个回合。

模型训练的主要目标是调整每个 GMM 的参数，使其能够更好地刻画它所对应的音素的某一状态，所以需要先获取属于该音素状态的所有语音特征，EM 算法基于这些数据做最大似然估计（Maximum Likelihood Estimation, MLE），亦步亦趋地优化 GMM 的 PDF。不同 Senone 的 GMM 之间是相互独立的，但可以共享部分子高斯模型。因为只知道整段语音对应哪个音素串，小粒度上的对应无从知晓，问题便归结为如何获取属于每个 PDF 的所有语音特征。对第一个开荒者（即 monophone GMM）来说，采用平启动（Flat Start）的方法，即对一条语音来说，按对应音素串所有的 PDF 数平分语音特征，每个片段的特征归为对应位置的 PDF 所有，当然也得考虑静音类音素。对继承者来说，直接使用上一个 GMM-HMM 系统通过似然最大化强制对齐（Force Alignment）的结果，即标记。强制对齐时，每帧语音特征与每个 PDF 比对，可知它属于每个音素状态的可能性，每帧数据大可自顾

5.1 GMM-HMM 基本流程

自地选择相对概率最大的那个，但须保证有意义，即最终能够通过 HMM 串联回到参照文本。在满足这个"强制"条件的情况下，虽然某些帧选择的不是概率最大的 PDF，但总体上仍可保证有一个尽可能高的分数，此时便是关于参考文本的似然最大。

不同时期的 GMM 叠加了不同的特性，"mono"基于单音素，"mono"是"monophone"，"tri1"引入三音素，"tri"是"triphone"，"tri2b"对 MFCC 特征进行了 LDA（Linear Discriminant Analysis，线性判别分析）分析 和 MLLT（Maximum Likelihood Linear Transform，最大似然线性变换）的转换，"tri3b"进行了说话人适应（Speaker Adaptation），"tri4b"返璞归真，再将训练好好进行一次。可以使用 `gmm-info` 命令查看不同时期 GMM-HMM 系统的具体信息。

5.1.2 解码

如 2.2.2 节所述，GMM 训练完成后，通过比对每个 PDF，可以求出每个发射概率 $P(x_i|s_j)$，然后往上回溯，直到得到句子，这其中会有一系列条件限制。比如，这一串 Senone 能否组成 Triphone，这一串 Triphone 能否组成 Phone，这一串 Phone 能否组成 Word，这一串 Word 能否组成 Sentence，以及组合过程中，这种选择是否是当下最优的，这些问题可以借助加权有限状态转换器（Weighted Finite State Transducer，WFST）统一进行最优路径搜索[13]。

测试模型性能就是看其解码效果，并由识别文本相对于参照文本的词错误率（Word Error Rate，WER）来衡量，其计算方式是 WER = $\frac{S+D+I}{N}$，其中 $S+D+I$ 是编辑距离，包括三种错误：替换（Substitution）、删除（Deletion）和插入（Insertion），N 是参照文本的总词数。解码需要解码图，即加权有限状态转换器，local/thchs-30_decode.sh 中的 Bookmark: graph making 生成 HCLG.fst，具体放在 GMM 生成目录下的图目录里（本实验是 graph_word），接着可以看到，Bookmark: GMM decoding 调用 HCLG.fst 进行最优路径搜索，即解码。因为解码脚本默认在解码生成结果所在目录的上一层目录寻找 GMM 模型，所以解码目录有必要放在 GMM 目录之下（下文的 DNN 解码亦是如此）。在 HCLG.fst 中，H（H.fst）的输入是 transition-id（Kaldi 所定义，PDF 及相关转移操作所对应的 ID），输出是三音素，包含了 HMM 信息，C（C.fst）的输入是三音素，输出是音素，包含了音素的上下文关系，L（L.fst）、G（G.fst）已在 4.1 节中准备妥当，分别包含了发音词典和语法信息。解码图可以完成从 Senone 到 Triphone，再到 Phone，最后到 Word 及 Sentence 的最优路径搜索。

5.1.3 强制对齐

用模型标记数据就是上面说的强制对齐，即每帧对应哪个 PDF。对齐的结果存放在 exp/*_ali 中，以 mono_ali 为例，用 `gunzip -c ali.1.gz | less` 命令打印出来，每句话都有一串整数，每个整数是相应位置的帧所属的 transition-id，可以通过 `gunzip -c ali.1.gz | ali-to-pdf final.mdl ark:- ark,t: | less` 命令将每帧对应到 pdf-id，并可通过 `gunzip -c ali.1.gz | ali-to-phones final.mdl ark:- ark,t: | less` 命令将每帧对应到 phone-id。

> (T) Kaldi 定义了一些操作对象，并用整数表示其 ID，这是最基本的符号化：
> （1）phone-id：音素的 ID，参见 data/lang/phones.txt，强制对齐的结果不含 0（表示 <eps>）和消歧符 ID；
> （2）hmm-state-id：单个 HMM 的状态 ID，从 0 开始的几个数，参见 data/lang/topo；
> （3）pdf-id：GMM 的 ID，从 0 开始，总数确定了 DNN 输出的节点数，通常有数千个；
> （4）transition-index：标识单个 Senone HMM 中一个状态的不同转移，从 0 开始的几个数；
> （5）transition-id：上面四项的组合（phone-id, hmm-state-id, pdf-id, transition-index），可以涵盖所有可能的动作，表示哪个 phone 的哪个 state 的哪个 transition，以及这个 state 对应的 pdf 和这个 transition 的概率，其中元组（phone-id, hmm-state-id, pdf-id）单独拿出来叫作 transition-state，与 transition-id 一样，都从 1 开始计数。

GMM-HMM 是上一代语音识别系统结构，已有几十年的积淀，技术较为成熟和稳定，Kaldi 对其做了极好的流程化整合，所以在后期研究中多对 GMM-HMM 做着老实的搬运，不花多少心思，但这套算法传达的思想源远流长，将长久地影响语音领域。

5.2 DNN-HMM 基本流程

一个复杂的功能指望一个复杂的函数来实现，可以找张纸洋洋洒洒地写上一长串复杂的多项式计算，只是加减乘除、对数指数、括号该如何排列组合不好盘算，还不如画个图来得直截了当，于是 DNN 某个层面的基本思想就是将各种嵌套、组合的多项式计算以图的形式可视化出来，记为"计算图"（Computational Graph）。所见即所得，计算图更契合人的认知感受，想象空间里也多了质地感。从公式到图，像是从算盘到画布，从线性到立体，换了个视角，所以"图"的作用也只是增加了函数设计的深度和广度，降低了难度，本质上的数学计算从未变过。而且，DNN 的基本算子很普通：权重（Weight）、激活函数（Activation），好比是庞大的计算机体系最原始的形态只是简单地 0/1，小的行为相互影响、触动、众志成城、积沙成塔，才涌现了 DNN 的"大智慧"。

最后一代的 GMM-HMM 将数据打完标签后，递交给 DNN 进行有监督学习，训练过程是典型的分类器（Classifier）学习。

Bookmark: DNN training & decoding 中训练了一个时延神经网络（Time Delay Neural Network，TDNN）[29]。DNN 的作用是替代 GMM 来计算 HMM 的发射概率，并不影响 HMM（H.fst），更不用说音素（C.fst）、发音词典（L.fst）和语言模型（G.fst），所以解码时仍然沿用了 GMM-HMM 的 HCLG.fst。

但是在 conf/decode_dnn.config 中配置解码参数时，其中常用的选项为 beam 和 lattice-beam。beam 是解码时集束搜索（Beam Search）的宽度，宽度越大、搜索结果越准确，搜索时间就越长；lattice-beam 是生成 Lattice（简单理解为包含了很多可能的解码路径，留待进一步择优）的宽度，宽度越大、Lattice 越大，搜索时间就越长。

语音识别系统的最终衡量标准是 WER，是序列（Sequence）上的尺度，而 GMM 以最大似然为目标，DNN 以最小化交叉熵（Cross Entropy，CE）或均方误差（Mean Squared Error，MSE）等为损失函数，两者训练时的目标都在帧的尺度上，造成训练与推断（Reference）的不一致，所以可以引入更靠近序列层面的训练准则，也就是序列判别训练（Sequence-Discriminative Training，SDT），常用的准则有：MMI（Maximum Mutual Information）

和 BMMI（Boosted MMI），MPE（Minimum Phone Error），sMBR（state Minimum Bayes Risk）。SDT 最开始用于 GMM-HMM，后来移植到 DNN-HMM 上，Bookmark: discriminative training & decoding 使用了 MMI，由于模型本身结构不变，只改变了训练的准则，解码方式仍与之前相同。

5.3 DNN 配置详解

Kaldi nnet3 的神经网络结构是通过读取包含相关组件信息的配置文件生成的。配置文件由实验人员直接编写，它描述了网络中各个组件的拓扑关系。下面简要介绍一下 nnet3 配置文件的基本语法，为"绘制"不同的神经网络结构作参考（由于 Kaldi 持续更新中，部分组件或有出入）。

Kaldi nnet3 参照的仍是计算图的思想，即将神经网络看成由多个不同计算单元或步骤按特定顺序连接起来的图，并对该计算图进行编译和执行。nnet3 的配置文件则是对图的构造进行详细的描述，用于网络的初始化，比如含有一层隐含层（激活函数为 Rectifier）的前向神经网络可以用代码描述如下：

```
# First the components
component name=affine1 type=AffineComponent input-dim=30 output-dim=1000
component name=relu1 type=RectifiedLinearComponent dim=1000
component name=affine2 type=AffineComponent input-dim=1000 output-dim=800
component name=logsoftmax type=LogSoftmaxComponent dim=800
# Next the component-nodes
input-node name=input dim=10
component-node name=affine1_node component=affine1 input=Append( Offset(input, -2), Offset(input, 0), Offset(input, 1))
component-node name=nonlin1 component=relu1 input=affine1_node
```

5.3 DNN 配置详解

```
component-node    name=affine2_node    component=affine2    input=nonlin1
component-node    name=output_nonlin    component=logsoftmax    input=affine2_node
output-node    name=output    input=output_nonlin    objective=quadratic
```

5.3.1 component 和 component-node

从上面代码中可以看出，配置文件分为两部分：component 和 component-node，它们之间的关系可以类比于"类的实例化"。component 可以看作类，它定义了网络中所有情形的组件，每个类（component）都有独一无二的名称，属性的设置相互不受干扰，属性包括类型（权重连接方式和不同的激活函数）、输入输出的维度，以及该类的特性。component-node 则是对 component 的实例化，在对它进行定义时，它所属的类由后面的 component 选项给出，并且需要明确它的输入（另一个 component-node）。比如在上面代码中，component-node affine2_node 实例化了 component affine2，并且指定了它的输入为 component-node nonlin1，nonli1 的维度与 affine2 所要求的输入维度是相同的。

input-node 和 output-node 是特殊的标识符，不需要指定类（component），它们分别代表神经网络的输入和输出节点，可以有多个（名称不同）。output-node 中可以通过 objective 选项指定不同的损失函数，如 linear（交叉熵，不指定 objective 选项时的默认设置）、quadratic （均方误差）。还有一个不需要类的特殊标识符 dim-range-node，它用于截取一个节点的部分作为输入，比如我们可以通过以下语句截取 node1 传入值（向量）的前 100 维，并赋值给 node2：

```
dim-range-node name=node2 input-node=node1 dim-offset=0 dim=100
```

一个 component 可以对应多个不同名的 component-node，此时，这些 component-node 也将共享相同的参数。component 可以不被实例化，

component-node 必须有已定义的 component。

5.3.2 属性与描述符

Kaldi 中实现了多种常见的和定制化的 component，具体名称、作用和属性，可参考源文件 nnet3/nnet-{simple,normalize,convolutional,attention,combined,general}-component.h，其中的常规方法 InitFromConfig 表示了网络在初始化过程中需要从配置文件中读取的信息，常见的属性有 type（直接使用类名，如激活函数 SigmoidComponent、RectifiedLinearComponent，全连接 AffineComponent、NaturalGradientAffineComponent 等）、input-dim 和 output-dim（对输入输出维度相同的组件来说，直接用 dim 表示二者），还有一些组件有自己特定的属性，比如卷积层 ConvolutionComponent 需要指定滤镜的大小、步长和个数。

上例中出现的其他关键字（Append、Offset）是 nnet3 的描述符（Descriptor），出现于 component-node 的声明中，由源文件 nnet3/nnet-descriptor.h 定义。各个组件相互粘合时，描述符常常用于 input 选项的量化说明，比如上例中 affine1_node 的输入是由 3 个不同时步（time-step）的原始输入（input-node）拼接（Append）而成的，而 Offset 表示了某个时步的输入与当前时步的相对时间偏移。如果上例用于语音识别任务，affine1_node 的输入则是由当前帧的上上帧、当前帧及当前帧的下一帧拼接而成的，共有 $10 \times 3 = 30$ 维。描述符的使用方法为： `input=[Descriptor]` ，表 5.1 总结了 nnet3 中提供的描述符，描述符是可以嵌套使用的。

最后，nnet3 通过以上语法规则将不同的组件拼装起来并初始化，在设计网络结构时，可以通过 `nnet3-init` 校验配置文件能否初始化成功。

5.3.3 不同组件的使用方法

Kaldi nnet3 实现了两类组件：简单组件和通用组件，分别对应源文件 nnet3/nnet-simple-component.h 和 nnet3/nnet-general-component.h。接下来将逐一展示这些组件的使用方法，这是对第 4 章配置文件中 component 的类型和属性的拓展，本章的示例也将以 component 的定义为主，component-node 的实例化不再赘述。

不同组件的属性各有不同，但定义 component 时都必须指定输入输出

5.3 DNN 配置详解

表 5.1

描述符	功能
node1	最基本形式，没有修饰语，node1 的值直接传入
Append(node1,node2,...)	将 node1、node2 等组件传入的值拼接起来，结果的维度是各组件维度之和
Sum(node1,node2)	将 node1、node2 传入的值加起来，node1、node2 及最终结果的维度相同
Failover(node1,node2)	如果 node1 是不可计算的，则使用 node2
IfDefined(node1)	如果 node1 目前还没有计算出来，则先以"0"值代替
Offset(node1,value)	node1 传过来的值是相对于当前时标偏离 value（可正可负）时步后的结果
Switch(node1,node2,...)	按顺序，每个时步使用其中一个 node，该 node 的序号是当前时步对 node 总数取模的结果
Scale(value,node1)	node1 传入的值乘以系数 value
Const(value,dim)	维度为 dim、各元素取值为 value 的常值向量
Round(node1,value)	每个时步将 node1 的时标（time-index）设置为小于当前时步且是 value 倍数的一个最大数
ReplaceIndex(node1,t,value)	每个时步对 node1 的时标保持不变，恒为 value。t 表示是对"t"（时标）进行的操作，也可换为其他变量

的维度。维度的赋值可以通过以下两种方式来实现：

（1）显式赋值。这是大多数组件使用的方式。如果组件的输入输出维度不一定相同，则该组件使用 input-dim 和 ouput-dim 进行赋值；如果二者维度必须保持一致，则该组件使用 dim 进行统一赋值。

（2）隐式赋值。部分组件的属性可以载入预先定义好的矩阵或向量，通过该矩阵或向量可以"数"出输入输出的维度，这样则不需要显式地指明输入输出维度。下文将省去 input-dim、output-dim 和 dim 这 3 个属性的相关使用说明，只对各个组件的特有属性进行描述。

我们将 Kaldi 目前实现的组件分为以下几类，并分别进行讲解（由于 Kaldi 持续更新中，部分内容可能会出现偏差）：

（1）**常规运算组件**。这类组件除了 input-dim、output-dim 或 dim，没有其他特有属性，语法格式较为一致，没有参数需要更新。常用的激活函数属于此类。

（2）**连接层组件**。这类组件对应网络中的权重部分，参数需要更新。此类组件之间的差别在于不同的连接方式或更新方式。

（3）**一对一运算组件**。这类组件对输入的向量进行一对一的乘或加运算，参数需要更新。

（4）**固定参数组件**。这类组件的部分或全部参数是固定的，固定部分不可更新。

（5）**增强组件**。这类组件的存在是为了增强网络的鲁棒性和训练的稳定性、收敛性。

（6）**卷积组件**。设计卷积神经网络所需组件。

（7）**位置运算组件**。这类组件在进行计算时，考虑了输入（向量）中各元素的位置。

（8）**整合组件**。这类组件可以整合多个其他组件或将复杂功能整合为一个特定的组件。

（9）**通用组件**。有别于上面所有的组件，这类组件的计算是基于 Kaldi 定义的三元组 Index（index，time，extra index）的，使用也较为复杂。

下文中，x 表示输入向量 $\boldsymbol{X}$ 的单个元素，y 表示输出向量 $\boldsymbol{Y}$ 的单个元素。

1. 常规运算组件

各个常规运算组件的功能描述如表 5.2 所示。

表 5.2

component	功能
PnormComponent	p-norm 激活函数，输入维度是输出维度的整数倍，Kaldi 目前使用 2-norm，即 $y_j = \sqrt{\sum_{i=1}^{n} x_{ij}^2}, n =$ input-dim/output-dim（$\boldsymbol{X}$ 分为 output-dim 组，每组 n 个元素，x_{ij} 表示第 j 组的第 i 个元素）

5.3 DNN 配置详解

component	功能
SigmoidComponent	sigmoid 激活函数
TanhComponent	tanh 激活函数
RectifiedLinearComponent	rectifier 激活函数
SoftmaxComponent	Softmax 运算
LogSoftmaxComponent	Softmax 运算之后再进行 log 运算
SumReduceComponent	输入分块后求和，即先将 X 分为 $n =$ input-dim/output-dim 块，每块相同位置的元素相加构成输出的一个元素，表示为 $y_j = x_j + x_{l+j} + x_{2l+j} + ...$，$l$ 表示块的长度，等于 output-dim
ElementwiseProductComponent	对折相乘，即将 X 截为两半，两部分相同位置的元素一对一相乘，输入维度是输出维度的 2 倍
NoOpComponent	不做具体运算，只是简单的传值，输入与输出一样

2. 连接层组件

各个连接层组件的功能描述如表 5.3 所示。

表 5.3

component	功能
AffineComponent	常规的全连接，以下几种都是由它衍生而来的
NaturalGradientAffineComponent	与 AffineComponent 的唯一区别在于它用 Natural Gradient Descent (NGD)[30] 的方法更新权值
RepeatedAffineComponent	X 均分为 n 个块 X_1、X_2……Y 也均分为相同数目的块 Y_1、Y_2…… 一一对应起来并全连接，即 X_1 与 Y_1 全连接，X_2 与 Y_2 全连接…… 这些全连接共享一个权值矩阵
NaturalGradient-RepeatedAffineComponent	与 RepeatedAffineComponent 的区别在于它用 NGD 的方法更新权值
BlockAffineComponent	权值矩阵对角线由数个维度相等的矩阵块对角依次相连并铺满，所以矩阵块数目可以整除输入输出维度。这些矩阵块的权值可更新，其他地方的权值设

component	功能
	为 0 且不更新

对于连接层、一对一运算等参数可以更新组件，学习率都可以通过如表 5.4 所示的属性进行设置。

表 5.4

参数更新所需属性	功能
learning-rate	学习率
learning-rate-factor	学习率的额外系数
max-change	对参数的变化进行控制，类似 L2-norm，设为正数时有效

连接层组件都涉及权值的初始化，它们是有公有属性的，如表 5.5 所示。

表 5.5

连接层组件的公有属性	功能
matrix	外部传入矩阵对全连接参数矩阵进行初始化，部分组件未实现
param-stddev	随机初始化全连接参数时的参数（标准差）
bias-stddev	随机初始化偏置（bias）参数时的参数（标准差）
bias-mean	随机初始化偏置（bias）参数时的参数（均值），部分组件未添加

各个连接层组件特有的属性如表 5.6 所示。

表 5.6

NaturalGradientAffine-Component 特有属性	功能
num-samples-history	NGD 相关配置参数
alpha	可以参考源文件
rank-in, rank-out	nnet-precondition-online.h
update-period	使用默认值即可

5.3 DNN 配置详解

值得注意的是，（NaturalGradient）RepeatedAffineComponent 具有特有属性 num-repeats，该属性表示局部全连接的个数，可以整除输入输出维度，BlockAffineComponent 具有特有属性 num-blocks，该属性表示对角线上子矩阵块的个数，可以整除输入输出维度。

3. 一对一运算组件

这类组件的参数是一个与输入同维度的向量，这个向量与输入在元素级别上进行一对一的乘或加运算，如表 5.7 所示。

表 5.7

component	功能
PerElementScaleComponent	输入的每个元素都有一个参数，并与之相乘
NaturalGradientPerElementScaleComponent	运算同 PerElementScaleComponent，使用 NGD 更新参数
PerElementOffsetComponent	输入的每个元素都有一个参数，并与之相加

NaturalGradientPerElementScaleComponent 的 3 个组件的属性中有一部分是 NGD 的配置（参考 NaturalGradientAffineComponent），其他属性均是关于参数的初始化，如表 5.8 所示。

表 5.8

一对一运算公有属性	功能
vector/scales	外部传入的向量初始化参数
param-mean	随机初始化参数的配置（均值）
param-stddev	随机初始化参数的配置（标准差）

4. 固定参数组件

各个固定参数组件的功能描述如表 5.9 所示。

表 5.9

component	功能
FixedAffineComponent	通过 matrix 传入一个固定的全连接矩阵

一对一运算公有属性	功能
FixedScaleComponent	通过 scales 传入一个固定的向量与输入元素上一对一相乘
FixedBiasComponent	通过 bias 传入一个固定的向量与输入元素上一对一相加
ConstantFunctionComponent	输出与输入无关，等价于 AffineComponent 的全连接参数固定为 0，只设置偏置（bias）

ConstantFunctionComponent 的参数可通过如表 5.10 所示的属性进一步设置。

表 5.10

ConstantFunctionComponent 特有参数	功能
is-updatable	是否可更新
use-natural-gradient	是否使用 NGD 方法更新
output-mean	随机初始化参数的配置（均值）
output-stddev	随机初始化参数的配置（标准差）

5. 增强组件

各个增强组件的功能描述如表 5.11 所示。

表 5.11

component	功能
DropoutComponent	将输入的元素以一定概率（由 dropout-proportion 属性提供）设置为 0
NormalizeComponent	将输入标准化且均方根为 target-rms（默认值为 1.0），add-log-stddev（默认值为 false）表示是否输出 log 计算后的标准差作为额外的输出
ClipGradientComponent	防止反向传播时梯度爆炸，对过大的梯度值进行剪切

ClipGradientComponent 的相关参数如表 5.12 所示。

5.3 DNN 配置详解

表 5.12

ClipGradientComponent 特有属性	功能
clipping-threshold	对梯度进行剪切的阈值，处理后梯度的绝对值都不超过该阈值
norm-based-clipping	是否以标准化的方式对整个输入进行相同比例的缩小
self-repair-clipped-proportion-threshold	如果剪切的数目超过一定百分比，则进行自我修复
self-repair-target	修复后的预期值
self-repair-scale	修复时进行缩放

6. 卷积组件

卷积组件只有两个（后来 Kaldi 改为主要支持 TimeHeightConvolutionComponent，顾名思义，它是声学特征时域和频域上的二维卷积），如表 5.13 所示。

表 5.13

component	功能
ConvolutionComponent	进行卷积操作，Kaldi 中只实现了二维卷积
MaxpoolingComponent	下采样操作

ConvolutionComponent 的属性及功能如表 5.14 所示。

表 5.14

ConvolutionComponent 属性	功能
input-x-dim	x 代表时域
input-y-dim	y 代表频域
input-z-dim	z 代表信道（特征及其一阶、二阶差分）
input-vectorization-order	输入的拼接顺序，zyx 或者 yzx
num-filters	二维 filter 的个数
filt-x-dim, filt-y-dim	二维 filter 的大小

ConvolutionComponent 属性	功能
filt-x-step, filt-y-step	二维 filter 的步长
matrix	外部传入矩阵对权值进行初始化
param-stddev, bias-stddev	随机初始化权值和偏置所需的配置（标准差）

MaxpoolingComponent 的属性及功能如表 5.15 所示。

表 5.15

MaxpoolingComponent 属性	功能
input-x-dim	x 代表时域
input-y-dim	y 代表频域
input-z-dim	z 代表 filter 的个数，输入拼接方式为 zyx
pool-x-dim, pool-y-dim, pool-z-dim	三维下采样的大小
pool-x-step, pool-y-step, pool-z-step	三维下采样的步长

7. 位置运算组件

位置运算组件的功能描述如表 5.16 所示。

表 5.16

component	功能
SumGroupComponent	将输入分组相加，通过 sizes 属性设置相加的范围，如 sizes $= [3,2]$, input-dim $= 3+2$, output-dim $= 2$, $y_1 = x_1 + x_2 + x_3, y_2 = x_4 + x_5$
PermuteComponent	将输入中各元素按 column-map 属性指定的新位置重新排列作为输出

8. 整合组件

整合组件的功能描述如表 5.17 和表 5.18 所示。

5.3 DNN 配置详解

表 5.17

component	功能
LstmNonlinearityComponent	论文[31]中的 LSTM 作为一个组件，通过 cell-dim 设置细胞数，且有自我修复属性，用法参见 ClipGradientComponent
CompositeComponent	整合多个组件为一个组件。将多个组件的定义放在一起作为一个参数

表 5.18

CompositeComponent 属性	功能
num-components	将要整合的组件总数
max-rows-process	能同时处理的最大输入个数。因该组件较为庞大，做此限制可防止消耗过大内存

9. 通用组件

通用组件的功能描述如表 5.19 所示。

表 5.19

component	功能
DistributeComponent	将输入均分为几部分，对应多个输出
StatisticsExtractionComponent	收集输入的统计信息
StatisticsPoolingComponent	与 StatisticsExtractionComponent 合用，在时序上累积统计信息
BackpropTruncationComponent	对梯度进行截取，防止梯度爆炸，有类似 ClipGradientComponent 的功能，常用于 RNN

以下针对不同的神经网络结构，说明其配置文件的要点：

- CNN 的配置需要使用卷积组件（ConvolutionComponent、MaxpoolingComponent）。
- Residual Network 需要额外引入一个 node 用于残差加法运算。

- Siamese Network 可以使用（NaturalGradient）RepeatedAffineComponent，或者用同一个 component 实例化两个 component-node。
- multi-task 需要至少两个 output-node。
- RNN、LSTM、GRU 的配置需要用到 Offset 这个 Descriptor，用于产生延时。

5.3.4 LSTM 配置范例

我们以长短时记忆单元（Long Short-Time Memory，LSTM）为例，说明 nnet3 的配置，如图 5.1 所示。

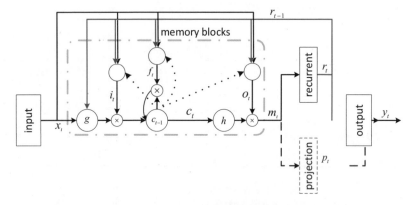

图 5.1 长短时记忆单元（该结构复现自参考文献 [31]）

图 5.1 展示了 LSTM 的具体结构，该模型的计算方式为：

$$i_t = \sigma(W_{ix}x_t + W_{ir}r_{t-1} + W_{ic}c_{t-1} + b_i)$$

$$f_t = \sigma(W_{fx}x_t + W_{fr}r_{t-1} + W_{fc}c_{t-1} + b_f)$$

$$c_t = f_t \odot c_{t-1} + i_t \odot g(W_{cx}x_t + W_{cr}r_{t-1} + b_c)$$

$$o_t = \sigma(W_{ox}x_t + W_{or}r_{t-1} + W_{oc}c_t + b_o)$$

$$m_t = o_t \odot h(c_t)$$

$$r_t = W_{rm}m_t$$

$$p_t = W_{pm}m_t$$

$$y_t = W_{yr}r_t + W_{yp}p_t + b_y$$

5.3 DNN 配置详解

其中，W 表示权重矩阵，且在具体实现中，与细胞 c 相关联的权重矩阵限定为对角矩阵；b 表示偏置向量；x_t 和 y_t 分别表示输入和输出；i_t、f_t、o_t 分别表示控制输入、遗忘和输出的门；c_t 是模型的细胞，m_t 是细胞的输出；r_t 和 p_t 是从 m_t 分流出来的两个输出，r_t 将在下一时刻循环反传回模型，p_t 只与模型的整体输出 y_t 相关联；$\sigma(\cdot)$ 表示 S 型（Sigmoid）函数，$g(\cdot)$ 和 $h(\cdot)$ 都表示非线性激活函数，通常使用双曲函数（Hyperbolic Function）；$\odot$ 表示两个相同规模的矩阵元素按位置顺序依次相乘。

LSTM 是一个典型的循环神经网络，为了更好地控制信息的流动，引入三个门来分别控制信息的输入（Input Gate）、输出（Output Gate）和历史信息的流入（Forget Gate），门的取值范围为 [0,1]，表示门的开关程度（0 为全关，1 为全开），故激活函数常选用 Sigmoid 函数，而门的具体计算则要看该门与哪些变量相关，通常设置门的值与输入、输出和历史信息相关。一般对 LSTM 的改进可以从各个门之间的关系入手（比如将 Input Gate 和 Forget Gate 统一为一个门），也可以将门的计算只限定为与部分变量相关以减小参数量。

Kaldi 中提供了快速生成上述 LSTM 配置文件的脚本 `steps/nnet3/lstm/make_configs.py`，比如通过以下代码可以生成一个一层 LSTM 的配置文件：

```
1  steps/nnet3/lstm/make_configs.py \
2    --splice-indexes "0" \
3    --num-lstm-layers 1 \
4    --feat-dim 40 \
5    --ivector-dim 0 \
6    --cell-dim 512 \
7    --hidden-dim 512 \
8    --recurrent-projection-dim 256 \
9    --non-recurrent-projection-dim 256 \
10   --num-targets 2000 \
11   --label-delay 5 \
12   lstm_configs_dir
```

其中，"splice-indexes"用于多层 LSTM 之间的时延设置，用法同 TDNN；"num-lstm-layers""feat-dim""cell-dim""hidden-dim""recurrent-projection-dim""non-recurrent-projection-dim""num-targets"则用于设置 LSTM 的层数，以及从输入到输出等各个单元的维度；"ivector-dim"则表示作为条件输入的 i-vector 的维度，可以不使用（维度设为 0）；"label-delay"表示网络延迟输出的步长，此设置是为了使得 LSTM 具有一定的"预测未来"的能力，增强其时序建模能力。生成的文件"lstm_configs_dir/layer1.config"描述了如何使用 nnet3 的各个元素来实现 LSTM，文件中的"component name"与图 5.1 中各元素的表示符号是相互对应的。下面讲一下该文件的实现过程。

首先，定义"input-node"及其维度，Kaldi 中默认其名称为"input"，"L0_fixaffine"是事先获得的线性变换矩阵，只需导入即可，配置文件代码如下：

```
input-node name=input dim=40
component name=L0_fixaffine type=FixedAffineComponent matrix=lstm_configs_dir/lda.mat
```

定义 LSTM 中各种线性变换层权重矩阵"W"的配置文件代码如下：

```
# Input gate control : W_i* matrices
component name=Lstm1_W_i-xr type= NaturalGradientAffineComponent input-dim=296 output-dim=512 max-change=0.75
# note : the cell outputs pass through a diagonal matrix
component name=Lstm1_w_ic type= NaturalGradientPerElementScaleComponent dim=512 param-mean=0.0 param-stddev=1.0 max-change=0.75
# Forget gate control : W_f* matrices
component name=Lstm1_W_f-xr type= NaturalGradientAffineComponent input-dim=296 output-dim=512 max-change=0.75
# note : the cell outputs pass through a diagonal matrix
```

5.3 DNN 配置详解

```
component     name=Lstm1_w_fc     type=  NaturalGradientPerEle-
mentScaleComponent dim=512 param-mean=0.0 param-stddev=1.0
max-change=0.75
# Output gate control : W_o* matrices
component      name=Lstm1_W_o-xr       type=     NaturalGradi-
entAffineComponent    input-dim=296    output-dim=512    max-
change=0.75
# note : the cell outputs pass through a diagonal matrix
component    name=Lstm1_w_oc    type=   NaturalGradientPerEle-
mentScaleComponent dim=512 param-mean=0.0 param-stddev=1.0
max-change=0.75
# Cell input matrices : W_c* matrices
component      name=Lstm1_W_c-xr       type=     NaturalGradi-
entAffineComponent    input-dim=296    output-dim=512    max-
change=0.75
```

定义 LSTM 结构中 Sigmoid 和 Tanh 非线性变换的配置文件代码如下：

```
#   Defining   the   non-linearities   component   name=Lstm1_i
type=SigmoidComponent    dim=512   self-repair-scale=0.0000100000
component   name=Lstm1_f   type=SigmoidComponent   dim=512
self-repair-scale=0.0000100000     component     name=Lstm1_o
type=SigmoidComponent    dim=512   self-repair-scale=0.0000100000
component    name=Lstm1_g    type=TanhComponent    dim=512
self-repair-scale=0.0000100000     component     name=Lstm1_h
type=TanhComponent dim=512 self-repair-scale=0.0000100000
```

然后，定义 LSTM 内部细胞单元 c_t，参与计算需要的配置代码如下：

```
# Defining the cell computations component name=Lstm1_c1
type=ElementwiseProductComponent input-dim=1024 output-dim=512
component name=Lstm1_c2 type=ElementwiseProductComponent
input-dim=1024 output-dim=512
component name=Lstm1_m type=ElementwiseProductComponent
input-dim=1024 output-dim=512
component name=Lstm1_c type=BackpropTruncationComponent
dim=512 clipping-threshold=30 zeroing-threshold=15.0 zeroing-interval=20 recurrence-interval=1
```

最后，定义 LSTM 输出部分所需要的配置，具体代码如下：

```
# projection matrices : Wrm and Wpm component name=Lstm1_W-m type=NaturalGradientAffineComponent input-dim=512 output-dim=512 max-change=0.75
component name=Lstm1_r type=BackpropTruncationComponent
dim=256 clipping-threshold=30 zeroing-threshold=15.0 zeroing-interval=20 recurrence-interval=1
component name=Final_affine type=NaturalGradientAffineComponent
input-dim=512 output-dim=2000 max-change=1.50
component name=Final_log_softmax type=LogSoftmaxComponent
dim=2000
```

LSTM 中的各个单元、参数、计算方式都定义完成后，"lstm_configs_dir/layer1.config" 文件的后半部分则通过 LSTM 的计算公式将各部分一一对照着联结起来。由于 LSTM 比 DNN、TDNN 等网络结构更为复杂，其所需的各种算子也更为丰富，通过 LSTM 的 nnet3 配置示范可以进一步了解和掌握 nnet3 中的各种操作，比如 "FixedAffineComponent" 允许我们事先定义一个权重并使其在后续训练中保持不变；"ElementwiseProductComponent"

将输入对折，然后各维度分别相乘；"Offset"用来处理时序上的依赖关系。

5.4 小结

  本章介绍了声学模型 GMM-HMM 和 DNN-HMM 的训练与解码过程，而深度学习在语音识别中发挥作用最大的地方即声学建模，也是研究重点，所以本章也重点介绍了基于 Kaldi 的深度神经网络配置方法。

语音识别实际问题

6. 说话人自适应

by 王东

6.1 什么是说话人自适应

故事发生在 2018 年 10 月,一位印度学者来实验室访问,做了一场关于"如何检测假冒说话人"的报告。这位印度学者讲得神采飞扬,底下的学生们却面面相觑,一头雾水。原因倒不是讲座的内容有多么高深,而是这位印度学者的英语实在太有特色了,标准的高清孟买腔,且娴熟轻快,对我们这种习惯了 English 或是 Chinglish(中式英语)的听众来说,实在是反应不过来。

人尚如此,遑论机器。

研究者很早就知道,不同说话人的生理结构不同,可能会产生非常大的发音差异性。因此,训练一个适合多说话人的语音识别系统(常称为**说话人无关系统**)要比训练一个只给一个人用的系统(通常称为**说话人相关系统**)困难得多。所以,早期的语音识别系统几乎都是与说话人相关的,直到 20

世纪 80 年代以后，随着数据的积累和建模技术的改进（特别是统计模型的广泛应用），与说话人无关的识别系统才开始普及。然而，说话人之间的差异总是存在的，一个对所有人"通用"的系统总不如一个对个人"定制"的系统更有效。我们当然希望识别系统可以对所有人都有不错的效果，但更重要的是对一些特定人（如我自己，或前面那位印度学者）识别得更好。这就要用到**说话人自适应**（Speaker Adaptation）技术。

说话人自适应技术的基本思路很简单：给定一个与说话人无关的识别系统，以及基于某一目标说话人的若干数据，通过对该识别系统的某些部分进行合理调节，使得调节后的系统对目标说话人的性能更好。这里的"数据"既可以是语音数据，也可以是文本数据；要调整的部分既可以是声学特征提取，也可以是声学模型或语言模型。在绝大多数情况下，说话人自适应指的是对说话人声学特性的适应，因此主要是对特征提取和声学模型的修正和调节。关于对说话人在用词、造句等方面的语言特性，一般不认为是个人的特异性，而是与说话人所处的应用场景相关，因此通常称为**领域自适应**（Domain Adaptation）。关于说话人自适应和领域自适应的更多知识，可以参考相关的综述文章[32]。

6.2 特征域自适应与声道长度规整

对说话人进行自适应的一个简单思路是对他们发出的声音进行调整，以适应与说话人无关的通用系统。这种依说话人特性对语音信号进行调节的方式称为特征域自适应。声道长度规整（Vocal Tract Length Normalization，VTLN）[33] 是一种典型的特征域自适应方法。

VTLN 的基本思路来源于人类的发音机理。研究者发现，人们在发音时，声音的特性和声道的长短有很大关系，这一关系可形式化为在频谱上的形变。例如，对同一句话，声道长度不同的两个人得到的频谱有明显区别，而这一区别可通过将频谱在频率上进行压缩或拉伸来模拟。因此，如果我们设定一个标准声道长度，则其他声道长度的频谱即可通过一个形变因子 α 归整到该标准频谱上来。这一技术称为声道长度规整（VTLN），形式化如下：

$$S^\alpha(\omega) = S(\alpha\omega)$$

其中 $S(\omega)$ 为该发音人的原始频谱，$S^\alpha(\omega)$ 为归整后的频谱。在实际系统中，一般采用分段线性映射函数来实现非线性规整，不同频段有不同的 α，如图 6.1 所示，横轴为原始频率，纵轴为变换后的频率。中间虚线代表参考声道长度（$\alpha=1$）下的映射，上下两条实线分别代表不同形变因子对应的映射函数。

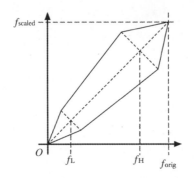

图 6.1　分段线性 VTLN 函数

VTLN 需要估计每个说话人的形变因子，通常的做法是基于一段该说话人的语音，尝试不同的取值，找到一个最优取值，使得依该值对语音进行归整后在参考模型下概率最大化。由于形变因子是应用在频域上的，对以 MFCC 为特征的系统来说，需要多次生成特征。线性 VTLN 可以在特征域上对不同形变因子设计线性映射，从而免除重复生成特征的麻烦[34]。

VTLN 具有明确的物理意义，实现简单，在语音识别中得到广泛应用。然而，一些研究也发现 VTLN 事实上可以通过特征上的线性变换进行补偿，因此 VTLN 在一些实际系统中的作用可能并不明显[35]。关于特征上的线性变换，我们将在下节介绍。

Kaldi 中包含了 VTLN 的计算方法，如图 6.2 所示。同时，Kaldi wsj recipe 中也提供了 VTLN 可选操作（缺省是关闭的），如图 6.3 所示。

6.3 声学模型自适应：HMM-GMM 系统

```
BaseFloat MelBanks::VtlnWarpFreq(BaseFloat vtln_low_cutoff,  // upper+lower frequency cutoffs for VTLN.
                                 BaseFloat vtln_high_cutoff,
                                 BaseFloat low_freq,  // upper+lower frequency cutoffs in mel computation
                                 BaseFloat high_freq,
                                 BaseFloat vtln_warp_factor,
                                 BaseFloat freq) {
/// This computes a VTLN warping function that is not the same as HTK's one,
/// but has similar inputs (this function has the advantage of never producing
/// empty bins).

/// This function computes a warp function F(freq), defined between low_freq and
/// high_freq inclusive, with the following properties:
///  F(low_freq) == low_freq
///  F(high_freq) == high_freq
/// The function is continuous and piecewise linear with two inflection
///   points.
/// The lower inflection point (measured in terms of the unwarped
///   frequency) is at frequency l, determined as described below.
/// The higher inflection point is at a frequency h, determined as
///   described below.
/// If l <= f <= h, then F(f) = f/vtln_warp_factor.
/// If the higher inflection point (measured in terms of the unwarped
///   frequency) is at h, then max(h, F(h)) == vtln_high_cutoff.
///   Since (by the last point) F(h) = h/vtln_warp_factor, then
///   max(h, h/vtln_warp_factor) == vtln_high_cutoff, so
///   h = vtln_high_cutoff / max(1, 1/vtln_warp_factor)
///     = vtln_high_cutoff * min(1, vtln_warp_factor).
/// If the lower inflection point (measured in terms of the unwarped
///   frequency) is at l, then min(l, F(l)) == vtln_low_cutoff
///   This implies that l = vtln_low_cutoff / min(1, 1/vtln_warp_factor)
///                       = vtln_low_cutoff * max(1, vtln_warp_factor)
```

图 6.2　Kaldi 中 src/feat/mel-computations.cc 下的 VTLN 代码

```
# Demonstrating Minimum Bayes Risk decoding (like Confusion Network decoding):
  mkdir exp/tri2b/decode_nosp_tgpr_${data}_tg_mbr
  cp exp/tri2b/decode_nosp_tgpr_${data}_tg/lat.*.gz \
     exp/tri2b/decode_nosp_tgpr_${data}_tg_mbr;
  local/score_mbr.sh --cmd "$decode_cmd" \
     data/test_${data}/ data/lang_nosp_test_tgpr/ \
     exp/tri2b/decode_nosp_tgpr_${data}_tg_mbr
  done
fi

# At this point, you could run the example scripts that show how VTLN works.
# We haven't included this in the default recipes.
# local/run_vtln.sh --lang-suffix "_nosp"
# local/run_vtln2.sh --lang-suffix "_nosp"
fi
```

图 6.3　Kaldi 中 wsj recipe 下的 VTLN 步骤

6.3 声学模型自适应：HMM-GMM 系统

在 HMM 时代，典型的声学模型是 HMM-GMM 模型，如图 6.4 所示，其中 HMM（上半部分）用来描述信号动态特性（即语音信号相邻帧间的相关性），GMM（下半部分）用来描述 HMM 每个状态的静态特性（即 HMM 每个状态下语音帧的分布规律）。HMM 包括三个输出状态，每个状态用一个 GMM 表示。HMM-GMM 模型的一个特点是结构简单，参数的物理意义直观明了。因此，只需要对那些与说话人特性相关的参数进行适当调整，即可实现对模型的快速自适应。

研究表明，HMM 模型对说话人特性的表征并不明显，因此绝大多数自适应方法是对 GMM 模型的调整。一个 GMM 模型包含若干高斯成分，每个高斯成分是一个高斯分布，其参数包括一个均值向量、一个协方差矩阵，以及一个在 GMM 中的权重比例。说话人自适应的任务是通过调整均值、协方差、权重这三类参数，使得调整后的 GMM 对目标说话人有更好的描述。更精确地说，是使得目标说话人的自适应数据在调整后的 GMM 中概率最大化。

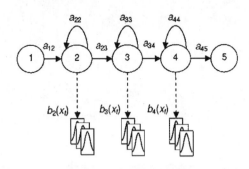

图 6.4　HMM-GMM 模型

常用的参数调整方法有两种：最大后验概率估计（Maximum a Posterior，MAP）[36] 和最大似然线性回归（Maximum Likelihood Linear Regression，MLLR）[37, 38]。

6.3.1　基于 MAP 的自适应方法

我们知道，一个语音识别系统中包含多个音素（Phone），每个音素基于决策树（Decision Tree）扩展为若干上下文相关的音素（CD phone）。在 HMM 系统中，每个上下文相关的音素由一个 HMM 建模。如果可以将自适应语音中的每个语音帧合理地分配到所属的 HMM 模型、HMM 状态及该状态的某一个高斯成分中，那么我们将可以基于每个高斯成分所对应的语音帧对该高斯成分的参数进行调整。实验表明，在均值、协方差、权重这三类参数中，对均值的调整效果最为明显。因此，我们将只考虑对均值的更新。GMM 模型的自适应状态如图 6.5 所示。

图 6.5 中的黑圈表示原始 GMM 的两个高斯成分，实心黑点表示目标说话人的语音特征向量。可见，这两个高斯成分无法有效地描述目标说话人的语音。通过对模型进行自适应，两个高斯成分发生了变化，如图 6.5 中红

6.3 声学模型自适应:HMM-GMM 系统

色虚线所示。

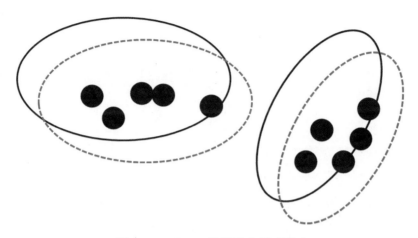

图 6.5 GMM 模型的自适应状态

不失普遍性,设待更新的高斯成分为 N_{ijk},其中 i 表示 HMM 序号,j 表示状态序号,k 表示高斯成分序号;对应该高斯成分的语音帧为 $X_{ijk} = \{x_{ijk}(1), x_{ijk}(2), ..., x_{ijk}(T_{ijk})\}$。依最大似然(Maximum Likelihood)准则,可计算出该高斯成分的均值如下:

$$\mu_{ijk} = \frac{1}{T_{ijk}} \sum_{t=1}^{T_{ijk}} x_{ijk}(t) \tag{6.1}$$

然而,如果该高斯成分分配到的语音帧较少,上述 ML 估计显然无法得到合理的均值。为此,我们可以将上述 ML 估计得到的均值与原始通用模型的均值做一个线性插值,得到自适应后的均值如下:

$$\mu'_{ijk} = (1-\alpha)\mu^0_{ijk} + \alpha\mu_{ijk} \tag{6.2}$$

其中 μ^0_{ijk} 为原始通用模型中对应的高斯成分的均值。可以证明,上述均值估计方式可以通过一个最大后验概率估计得到,其中先验概率是一个以 μ^0_{ijk} 为均值,以 $\hat{\Sigma}_{ijk}$ 为协方差距阵的高斯分布。通常假设 $\hat{\Sigma}_{ijk}$ 为对角的,且有 $\hat{\Sigma}_{ijk} = \hat{\sigma}I$,则该先验概率写成公式如下:

$$p(\mu_{ijk}) = N(\mu_{ijk}|\mu^0_{ijk}, \hat{\sigma_{ijk}}I)$$

对应的条件概率是对自适应语音数据的高斯分布，同样取对角协方差，有：

$$p(\boldsymbol{X}_{ijk}|\mu_{ijk}) = \prod_t N(\boldsymbol{x}_{ijk}(t)|\mu_{ijk}, \sigma_{ijk}I)$$

则依贝叶斯公式，有：

$$p(\mu_{ijk}|\boldsymbol{X}_{ijk}) \propto p(\mu_{ijk})p(\boldsymbol{X}_{ijk}|\mu_{ijk})$$

上述后验概率取最大值的 μ_{ijk} 具有式（6.2）所示的形式，其中：

$$\alpha = \frac{T_{ijk}\hat{\sigma}_{ijk}}{T_{ijk}\hat{\sigma}_{ijk} + \sigma_{ijk}}$$

仔细观察上式可以发现，当自适应数据较少时，T_{ijk} 较小，α 趋近于零，则式6.2中的 μ'_{ijk} 趋近于原始模型的均值 μ^0_{ijk}，即模型没有更新。换句话说，当没有多少自适应数据时，尽量采用原模型。反之，如果自适应数据较多，T_{ijk} 较大，α 趋近于1，则 μ'_{ijk} 趋近于 ML 估计 μ_{ijk}。这意味着数据已经足够充分，用自适应数据得到的估计已经可以完全信任了。这一性质使得 MAP 非常灵活，可以依实际训练数据的多少选择合理的自适应模型。

值得说明的是，上述自适应方法假设每个语音帧被分配到合理的音素、状态和高斯成分上，这事实上是不可能的。尽管如此，我们依然可以利用一些对齐算法对语音帧进行"软性"分配，即将语音帧依概率分配到不同的高斯成分上；在进行模型更新时，只需依这一分配概率对不同语音帧进行加权处理即可。这一对齐过程即我们在 Kaldi 的 recipe 中经常看到的 alignment 操作。wsj recipe 在训练 tri1 之前的 alignment 过程如图 6.6 所示。注意该过程一般只能分配到音素或状态，对高斯成分的软性分配可以通过求各高斯成分的后验概率实现。

6.3.2　基于 MLLR 的自适应方法

在 MAP 自适应方法中，对每个高斯成分的自适应是独立进行的。这一独立更新方案一方面使得 MAP 非常灵活；另一方面，由于不同音素、状态、高斯成分之间无法共享数据，使得那些没有分配到自适应数据的高斯成分无法更新。一种解决方法是设计一个对所有高斯成分进行统一更新的变

6.3 声学模型自适应：HMM-GMM 系统

换 M，使得任何一个高斯成分上分配到的自适应数据都可以对全体高斯成分产生影响。如果 M 是一个线性变换，则经过该变换得到均值向量为：

$$\mu'_{ijk} = M\mu_{ijk} \tag{6.3}$$

```
if [ $stage -le 2 ]; then
  # tri1
  if $train; then
    steps/align_si.sh --boost-silence 1.25 --nj 10 --cmd "$train_cmd" \
      data/train_si84_half data/lang_nosp exp/mono0a exp/mono0a_ali || exit 1;

    steps/train_deltas.sh --boost-silence 1.25 --cmd "$train_cmd" 2000 10000 \
      data/train_si84_half data/lang_nosp exp/mono0a_ali exp/tri1 || exit 1;
  fi
  if $decode; then
    utils/mkgraph.sh data/lang_nosp_test_tgpr \
      exp/tri1 exp/tri1/graph_nosp_tgpr || exit 1;

    for data in dev93 eval92; do
      nspk=$(wc -l <data/test_${data}/spk2utt)
      steps/decode.sh --nj $nspk --cmd "$decode_cmd" exp/tri1/graph_nosp_tgpr \
        data/test_${data} exp/tri1/decode_nosp_tgpr_${data} || exit 1;
```

图 6.6　wsj recipe 在训练 tri1 之前的 alignment 过程

选择 M 使得变换后的模型对自适应数据的生成概率最大化。这一优化准则可以写成如下似然函数形式：

$$L(M) = \prod_{ijk} p(x_{ijk} | M\mu_{ijk}, \sigma_{ijk}) \tag{6.4}$$

注意上述似然函数包括所有音素、状态、高斯成分。我们的基本思路是估计一个线性变换，使得式（6.4）所示的似然函数最大化，因此我们称该线性变换为最大似然线性回归，即 MLLR。注意，上式中我们依然假设对语音帧进行了较好的分配。在实际系统中我们只能做到"软性"分配，需要利用 alignment 算法。值得强调的是，MLLR 算法中的变换矩阵 M 是"全局"的，为所有高斯成分共享，这意味着某些高斯成分即使没有分配到自适应数据，依然可以得到更新，这是与 MAP 方法的显著区别。这一方面意味着 MLLR 自适应需要较少的数据量即可实现自适应，另一方面，这一特性也意味着各个高斯成分无法实现"渐近最优化"，即当数据量足够充分时，MLLR 并不能逼近 ML 估计，因此性能存在上限。相对而言，数据足够多时，MAP 是可以接近 ML 估计的。

MLLR 算法仅对均值进行更新。如果我们希望同时对方差进行变换，计算上将比较复杂。然而，存在一种特殊情况：当对方差的变换和对均值的变换相匹配时，计算将非常简单。具体而言，我们希望均值的更新具有如式 (6.4) 所示的形式，对方差的更新具有如下对应形式：

$$\Sigma' = M\Sigma M^{\mathrm{T}}$$

在这一条件下，语音帧的概率密度函数可整理如下：

$$p(X_{ijk}|M\mu_{ijk}, M\Sigma M^{\mathrm{T}}) = p(MX_{ijk}|\mu_{ijk}, \Sigma)$$

这意味着对均值和方差的匹配更新等价于保持原始模型不变，仅对语音特征向量做如下线性变换：

$$x'_{ijk} = Mx_{ijk}$$

这种在特征上进行线性变换的方法称为 fMLLR。

fMLLR 可以用来训练通用说话人模型。这一方法假设一个人的发音可以通过一个 fMLLR 从说话人特征中去掉说话人的相关信息，再利用该"中性"特征训练一个通用说话人模型。基于该中性模型，可再次更新每个人的 fMLLR，得到新的中性特征。上述过程可迭代进行（如图 6.7 所示），被称为 SAT 训练（Speaker Adaptive Training，SAT）[39]。中性模型不包含说话人信息，因此可实现更好的建模。在实际进行识别时，首先需要基于中性模型计算个人的 fMLLR，然后将该 fMLLR 应用到待识别语音的特征向量，并基于中性模型进行识别。

图 6.7 SAT 训练

Kaldi wsj recipe 中提供了 SAT 训练的脚本，如图 6.8 所示。

6.4 声学模型自适应：DNN 系统

```
# local/run_delas.sh trains a delta+delta-delta system.  It's not really recommended or
# necessary, but it does contain a demonstration of the decode_fromlats.sh
# script which isn't used elsewhere.
# local/run_deltas.sh

if [ $stage -le 4 ]; then
# From 2b system, train 3b which is LDA + MLLT + SAT.

# Align tri2b system with all the si284 data.
if $train; then
  steps/align_si.sh --nj 10 --cmd "$train_cmd" \
    data/train_si284 data/lang_nosp exp/tri2b exp/tri2b_ali_si284  || exit 1;

  steps/train_sat.sh --cmd "$train_cmd" 4200 40000 \
    data/train_si284 data/lang_nosp exp/tri2b_ali_si284 exp/tri3b || exit 1;
fi
```

图 6.8　Kaldi wsj recipe 中提供的 SAT 训练脚本

6.4 声学模型自适应：DNN 系统

现代语音识别系统基于深度神经网络（DNN）。依动态模型的不同，当前主流框架包括 DNN-RNN 系统和 DNN-HMM 系统。为描述方便，我们只讨论 DNN-HMM 系统，但相应方法可同样应用于 DNN-RNN 系统。

在 DNN-HMM 系统中，动态模型是一个 HMM，其中每个状态的输出概率是基于 DNN 所生成的后验概率计算得到的。与 GMM 不同，DNN 的参数数量庞大且相互依赖，对某些参数的修改可能会对结果产生显著的影响。因此，如果想通过更新模型来实现说话人自适应，需要特别设计可更新的参数集及更新算法。除了对 DNN 模型参数进行直接更新，另一种主流方法是基于说话人向量的条件学习。我们将分别介绍这两种方法。

6.4.1　模型参数自适应学习

如前所述，DNN 的参数数量庞大且相互依赖，在仅有少量自适应数据的前提下，对所有参数进行更新存在过拟合的风险。过拟合后，模型当前的自适应数据性能将有显著提高，但对来自该说话人的其他数据性能无法提高甚至可能会下降。

对于这一问题，通常采用的方式是选择 DNN 模型中的某一层进行更新，从而保证模型不会偏离原始模型太远。研究者尝试了更新输入层、隐藏层和输出层等各种方案，发现更新隐藏层效果更好[40]。另一种方式是在 DNN 中加入一个自适应层，将其初始化为对角矩阵，从而保持整个 DNN 的映射函数不变。在自适应时，仅更新该自适应层，甚至仅更新该层矩阵的对角值，以便降低过拟合的风险。还有研究者对某一层矩阵进行 SVD 分解，自适应时仅对分解后的特征向量进行更新[41]。此外，有研究者对输入的特征向量进行线性变换，在不改变 DNN 模型的前提下，使变换后的特征性能更好[42]。这一方法事实上等价于在 DNN 的输入端加入一个自适应层并对该层进行更新。

微软的研究者提出一种基于相对熵约束的自适应训练方法，该方法在进行自适应时，优化目标不仅是模型在自适应语料上性能更好，同时希望新模型的输出和原模型的输出不要相差太远[43]。在语音识别中，DNN 的输出为不同 pdf ID 上的后验概率，因此输出之间的差异性可用相对熵来衡量，即更新后的输出与原始输出之间的相对熵不宜过大。基于该约束，可以对网络中的所有参数进行训练。

上述参数自适应学习方法可以对模型进行有限更新，但是在操作时需要仔细考虑平衡自适应数据量与学习率之间的关系，通常不易处理。

6.4.2 基于说话人向量的条件学习

另一种主要的 DNN 说话人自适应方法是基于 i-vector（说话人向量）的 DNN 条件学习，如图 6.9 所示。在该模型中，DNN 的输入不仅包括传统声学特征（如 FBank），还包括一个表征说话人特性的说话人向量。说话人特征可以通过概率统计或深度学习方法生成，其中基于概率模型的 i-vector 方法最为常用[44]。在该方法中，基于一个混合线性高斯模型，将语音特征序列中的说话人特性（称为 i-vector）抽取出来，作为 DNN 的辅助输入。识别时，只需用同样的模型将待识别说话人的 i-vector 提取出来，即可实现说话人自适应。这一方法只需极少量语音（几帧）即可实现对说话人特征的提取，简洁而高效。更有意义的是，因为 i-vector 是对一段语音信号的整体描述，因此这一方法不仅可以用于说话人自适应，还可以实现不同环境下的模型自适应。关于说话人识别和 i-vector 的更多相关知识，将在后续章节详细讨论。

图 6.9　基于 i-vector 的 DNN 条件学习方法

Kaldi wsj recipe 中提供了基于 i-vector 的条件学习脚本 nnet3/run_

tdnn.sh,如图 6.10 所示。

```
if ! cuda-compiled; then
  cat <<EOF && exit 1
This script is intended to be used with GPUs but you have not compiled Kaldi with CUDA
If you want to use GPUs (and have them), go to src/, and configure and make on a machine
where "nvcc" is installed.
EOF
fi

local/nnet3/run_ivector_common.sh --stage $stage --nj $nj \
                                  --train-set $train_set --gmm $gmm \
                                  --num-threads-ubm $num_threads_ubm \
                                  --nnet3-affix "$nnet3_affix"

gmm_dir=exp/${gmm}
ali_dir=exp/${gmm}_ali_${train_set}_sp
dir=exp/nnet3${nnet3_affix}/tdnn${tdnn_affix}_sp
train_data_dir=data/${train_set}_sp_hires
train_ivector_dir=exp/nnet3${nnet3_affix}/ivectors_${train_set}_sp_hires

for f in $train_data_dir/feats.scp $train_ivector_dir/ivector_online.scp \
    $gmm_dir/{graph_tgpr,graph_bd_tgpr}/HCLG.fst \
    $ali_dir/ali.1.gz $gmm_dir/final.mdl; do
  [ ! -f $f ] && echo "$0: expected file $f to exist" && exit 1
done
```

图 6.10　Kaldi wsj recipe 中基于 i-vector 的条件学习脚本

6.5　领域自适应

我们已经大略介绍了对单一说话人的自适应方法。事实上,类似的方法也可以用于特定人群的自适应,例如对某一口音的自适应(如河南口音、东北口音等)或对某一应用场景的自适应(如公交、大街、咖啡店等)。这种面向某一特定场景的自适应可称为领域自适应。与说话人自适应相比,领域自适应一般数据量更大,对模型的更新力度也更大。另外,在领域自适应中,除对声学特性的修正外,在语言模型上也需要进行相应的调整,特别是对领域专有名词的处理及相应领域语言模型的训练。对 n-gram 语言模型来说,一般采用新旧模型插值法实现语言模型自适应[45]。目前人们对神经网络语言模型的自适应方法研究得还比较少[46]。

6.6　小结

本章介绍了说话人自适应的若干方法。总体来说,这些方法可以分为特征域自适应和模型域自适应。特征域自适应保持模型不变,对特征进行说话人相关的变换，以增加与模型的匹配度，如 fMLLR 和 VTLN；模型域方法通过更新模型参数实现对特定说话人语音特性的更好描述。总体来说，特征域变换更灵活，需要的数据较少；模型域方法需要更多数据，但通常对说话人特性的学习更细致，性能也更好。

在模型方法中，一般对状态生成模型进行自适应，即 GMM 模型或 DNN 模型。相对而言，基于其清晰的概率结构，GMM 模型的自适应更加有效；DNN 模型的参数高度共享、互相依赖、不易修改。目前的主流方法是在 DNN 模型的输入端加入一个表征说话人特性的辅助特征，将说话人特性纳入模型之中，通常可取得较好的效果。

7. 环境鲁棒性

by 王东

7.1 环境鲁棒性简介

我们常有这样的体验,本来好好的语音输入法,在办公室里基本不会有什么错误,但在大街上使用时就会感到性能明显下降;挺好的语音助手,平常屡试不爽,但在公交车上问个问题经常答非所问。这主要是因为实际应用场景中的声学环境非常复杂,这些复杂场景不可能在训练时被全部覆盖,因此形成识别场景与模型的不匹配,导致系统性能的急剧下降。

总体而言,声学场景的复杂性主要可归结为三类:

(1) **背景噪声**。实际应用场景中可能包含各种不同类型的噪声,如机器声、汽车引擎声、开门声、背景音乐声、其他人的谈话声等。这些噪声的混入会使语音信号发生显著变化,引起识别性能的下降。

(2) **混响和回声**。在一个房间里,发音会在房间四壁反射,形成混响。房间越大,反射回来的声音相对原始声音延迟越久,产生的混响效果越明显。同样的混响效果也发生在电话通信中,在这一场景下,虽然没有像墙壁那样的直接反射,但一方的语音有可能通过对方的听筒和麦克风反射回说话者,形成混响。这种混响一般称为回声。混响和回声会显著降低声音的清晰度,严重影响识别性能。

(3) **信道差异**。不同麦克风的物理特性可能有显著差别。如电容式麦克风通过电容的充放电产生的电压变化代表声音,而动圈式麦克风通过线圈在磁场中运动时产生的电流来代表声音信号。因此,对于同一个声音信号,不同麦克风录制的声音会有显著区别。即使同一种麦克风,因信号处理方式的不同,也会得到不同的声音采样。这些差异包括增益设置、静音门限、频域补偿、编解码方式、压缩算法等。我们将上述录音设备、传输媒介等因素的影响称为信道差异。信道差异极大增加了语音识别系统的复杂性,当训练和识别的信道差异较大时,识别系统的性能将明显下降。

一个语音识别系统如果可以应对实际应用场景的复杂性,在复杂场景下依然可以得到较好的识别性能,那么我们称其为一个**环境鲁棒的识别系统**。为了提高识别系统的鲁棒性,研究者提出了各种方法,这些方法大体上可以分为两类:**前端信号处理**和**后端模型增强**。前端信号处理方法通过各种信号处理算法减小噪声、回声和信道差异对语音信号的影响,使之接近正常安静的语音;后端模型增强方法通过对模型做适当调整,使之更加适应实际场景的声学特性。一般来说,前端信号处理方法计算量小、灵活方便,但性能提升有限;后端模型增强方法计算量较大、需要的数据较多,但性能更好。下面我们将对这两类方法做简单介绍。

7.2 前端信号处理方法

前端信号处理方法通过对语音信号进行一系列变换,去除信号中各种噪声和失真,以恢复原始的清晰语音。不同处理算法基于不同假设,产生的效果也不尽相同。总体来说,我们可以将环境影响分为加性噪声和卷积噪声两类,背景噪声可以认为是加性噪声,是在原有声音信号上叠加另一种信号,从而产生破坏;混响、回声和信道差异可以认为是一种卷积噪声,是在原有声音信号上的一种附加变换。下面我们将介绍对不同类噪声的不同处理算法。

7.2 前端信号处理方法

7.2.1 语音增强方法

语音增强是一种时域或频谱域上的信号处理方法。历史上，语音增强的目的是提高语音相对人耳的可懂度，而不是语音识别性能的提高。尽管如此，在很多情况下，这种方法对语音识别依然有所帮助。

1. 谱减法与加性噪声去除

谱减法（Spectral Substraction，SS）是一种常用的语音增强方法[47]。这一方法假设带噪语音的能量谱是由原始语音的能量谱和噪声的能量谱简单相加得到的。因此，如果可以估计出噪声的能量谱，即可将该能量谱从带噪语音中减去，从而恢复原始干净语音的能量谱。写成公式为：

$$|\hat{X}(f)|^2 = |Y(f)|^2 - |\hat{N}(f)|^2 \tag{7.1}$$

其中 $Y(f)$ 和 $\hat{N}(f)$ 分别为带噪语音和噪声的频谱，$\hat{X}(f)$ 为利用谱减法估计出的原始语音频谱。事实上，上述能量叠加假设忽略了原始语音与噪声之间的相关性，因此只能是一个近似估计。谱减法需要估计噪声信号的频谱，这可以通过确定一些非语音帧（如句子的开始片段和结束片段）来实现，并对这些帧的能量谱进行平均。然而，基于这一平均能量得到的噪声估计未必能保证每一帧信号做谱减后都是正数，因此需要在应用时做适当的调整。这些调整有可能会导致相邻频谱间变化过于剧烈，从而引入额外噪声，需要做进一步平滑处理[48]。

2. 回声消除

谱减法处理的对象是加性噪声。对于回声和混响这种卷积噪声，直接应用谱减法并不合适。为了减小回声和混响的影响，可以估计原始语音到接收端的传递函数，这一函数可用房间脉冲响应（RIR）来表示。基于这一脉冲响应，可以设计一个逆滤波器，使之与 RIR 的作用互相抵消，从而减弱回声和混响的影响[49, 50]。然而，估计 RIR 本身就是很困难的问题，不精确的 RIR 会严重影响去回声的效果，还可能引入新的畸变。一些研究者发现带混响的语音在做 LPC 估计时，其残差往往具有更显著的高斯性。基于这一发现，可以直接设计逆滤波器，使生成语音的 LPC 残差更加非高斯化[51]。这种方法无须估计 RIR，防止了错误累积。另外一些研究者关注对高延迟混响的去除，这些混响对语音识别的影响最大。例如在大礼堂中，混响会持续很久，这些持久混响使得频谱结构发生显著改变。研究者设计了一种基于混响时间来估计 RIR 的方法。一般常用 T_{60} 作为混响时间。所谓 T_{60} 是指语音信号衰减 60dB 所需要的时间。基于 T_{60} 设计一个 RIR 模型，从而可以估计出延迟较大的混响，最后利用谱减法将这些混响的能量从带噪语音中去除。另一些研究者利用线性预测模型从历史观察信号中恢复出当前的原始信号（注意当前的观察信号是由历史信号经过延迟衰减并与当前原始信号叠加而成的），从而将逆滤波器的设计问题转化为线性预测模型的参数估计问题[52]。上述这些方法都利用了混响和回声产生的物理机理，因而针对性较强。

3. 麦克风阵列

前面所述的各种去噪和去回声方法都是基于单一麦克风的，能利用的信息有限，面对复杂场景时很难得到较好的归一化效果。近年来，多麦克风设备开始普及（例如，在几乎所有手机上都装有两个以上的麦克风），使得我们可以利用语音信号传递过程中的更多空间和时间信息，从而极大提高了语音增强能力。最简单的方法是利用一个远端麦克风录制背景噪声，一个近端麦克风录制说话者语音，通过简单谱减法实现语音增强。更通用的解决方案是使用麦克风阵列技术[52, 53, 54]。

麦克风阵列（Microphone Array）是按一定几何结构组合在一起的一组麦克风。最常用的阵列包括线性阵列和环形阵列，如图7.1所示。一般来说，阵列中的麦克风都是全指向的，即对各个方向的敏感度是一致的，但当这些全指向麦克风组合在一起的时候，就产生了强烈的指向性，从而实现方向选择、去噪、去混响等强大的功能。我们以一个线性阵列为例来对此进行说明。

图 7.1 线性和环形麦克风阵列

7.2 前端信号处理方法

考虑如图7.2所示的四麦阵列,每两个麦克风之间的间隔为 l,阵列的输出为四个麦克风输出的简单加和。

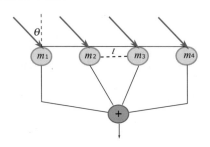

图 7.2 线性麦克风阵列的声音采集与加和

对于一个频率为 f、由夹角 θ 入射的平面波,可以计算相邻两个麦克风之间的信号延迟为:

$$\Delta t = \frac{l\sin(\theta)}{c} \tag{7.2}$$

其中 c 为声速。由此可计算相邻麦克风之间的相位差为 $2\pi f \Delta t$。如果我们将最左边的麦克风接收的信号记为 $Ae^{j2\pi ft}$,则第 i 个麦克风的信号为: $Ae^{j2\pi f(t+i\Delta t)}$。由此,可计算这四路麦克风输出的结果为:

$$\frac{1}{4}\sum_{i=0}^{3} Ae^{j2\pi f(t+i\Delta t)} = \frac{1}{4}\sum_{i=0}^{3} Ae^{j2\pi f(t+\frac{il\sin(\theta)}{c})} \tag{7.3}$$

与单独一个麦克风接收的信号 $Ae^{j2\pi ft}$ 相比,可知该阵列的输出的增益(以 dB 为单位)为:

$$G(\theta) = 20\log_{10}\frac{\frac{1}{4}\sum_{i=0}^{3} Ae^{j2\pi f(t+\frac{il\sin(\theta)}{c})}}{Ae^{j2\pi ft}} = 20\log_{10}\frac{1}{4}\sum_{i=0}^{3} e^{j2\pi f\frac{il\sin(\theta)}{c}} \tag{7.4}$$

由上式可知,该增益是入射角 θ 的函数,如图 7.3 所示。为了更清晰地对比,图 7.3 中同时给出了单一麦克风在各方向上的增益函数。可见,阵列具有明显的方向选择性,只有在正前方的输入才有较好的增益,其他方向的输入都被抑制。这种指向性使得阵列可以选择特定方向的声音,并抑制其他方向的声音,从而极大提高信噪比。同时,不同麦克风所接收的噪声是不相关的,这些不相关的噪声在叠加时会互相抵消,因此可以有效地消除加性噪声的影响。

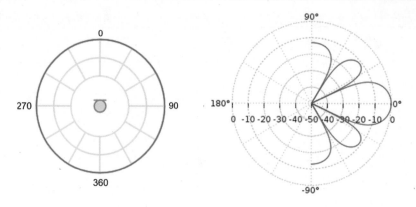

图 7.3　单一麦克风（左）和线性麦克风阵列（右）在各方向上的增益函数

对上述简单加和的阵列而言，其增益的指向性是固定的，即只有在正前面的增益最大。如果我们对每路麦克风的输出做适当延迟，再对延迟后的信号做加和，就可以选择阵列的指向性。事实上，如果我们想对入射角为 θ 的方向做最大增益，只需对由该入射角引起的延迟 Δt 进行补偿即可，这一方法称为**延迟-加和算法**（Delay-Sum Algorithm），如图 7.4 所示。为提高延迟-加和算法的性能，研究者提出了各种改进方法，包括为每个麦克风引入增益参数，调节这些参数使之更适合语音识别任务等[55]。对目标语音方向选择合理的延迟补偿，使得各路麦克风在做完补偿后的相位恰好一致，即可实现该方向的增益最大化。在这一设置下，其他方向的声音因相位失配而使得在输出信号中的增益减小。

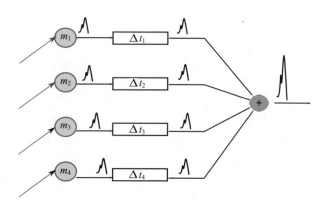

图 7.4　线性麦克风阵列的延迟-加和算法

7.2.2 特征域补偿方法

如前所述,语音增强方法的目的是增加语音的清晰度和可懂度,这一目标与语音识别有一定的差距。对语音识别系统来说,特征本身的鲁棒性或环境不变性更加重要。因此,在特征域上的补偿或正规化通常可以产生更好的效果。下面我们将讨论三种方法:CMN & CVN(倒谱特征归一化)、VTS(Vector Taylor Series,向量泰勒展开)和 SPLICE。

1. CMN & CVN

CMN & CVN 是最常用的特征域补偿方法,主要用来对卷积噪声进行消除。我们首先讨论 CMN。我们已经知道,FBank 和 MFCC 是最常用的两种特征。这两种特征基于共同的前端处理:加窗、预加重、FFT 变换、Mel 频谱归整、频域能量加窗和 log 压缩。对一个在时域上卷积的信道噪声来说,通过上述过程可以实现分解。为清楚地看到这一点,设原始信号为 $x(t)$,带噪语音信号为 $y(t)$,信道的卷积噪声为 $h(t)$,则有:

$$y(t) = x(t) \times h(t) \tag{7.5}$$

$$Y(\omega) = X(\omega)H(\omega) \tag{7.6}$$

$$\log|Y(\omega)|^2 = \log|X(\omega)|^2 + \log|H(\omega)|^2 \tag{7.7}$$

由此可得:

$$y = x + h \tag{7.8}$$

其中 x 和 y 分别为原始语音信号和带噪语音信号的 FBank 特征,h 是与信道相关的卷积噪声。因此,如果我们可以估计出 h,就可以估计出原始语音信号的 FBank 特征 x。在实际操作中,可以选择信号中的非语音片段来估计 h。进一步,如果我们假设 x 的均值为零,h 也可以通过对整句语音信号取平均值来得到,即:

$$h = \mu_y \tag{7.9}$$

$$\hat{x} = y - \mu_y \tag{7.10}$$

MFCC 特征是在 FBank 特征基础上加入一个 DCT 变换,因为该变换是线性的,因此上述分解关系依然成立,即:

$$Cy = Cx + Ch \tag{7.11}$$

其中 C 是 DCT 的变换矩阵。由于 MFCC 是倒谱系数，所以上述方法称为**倒谱均值归一化**（Cepstra Mean Normalization，CMN）[56]。

形式上，CMN 可以认为是对特征进行一阶归一化的方法。基于这一思路，可以设计一种二阶归一化方法，即对方差进行归一化，称为**倒谱方差归一化**（CVN）。实际应用中，CVN 一般和 CMN 联合使用，称为 CMVN，计算公式为：

$$\hat{x} = \frac{y - \mu_y}{\sigma_y} \tag{7.12}$$

其中的除法为按位除。与 CMN 不同，CVN 并没有特别明确的物理背景，但在实际应用中通常会有较高的性能。

CMN 和 CVN 只对一阶和二阶量进行归一化，类似的思路可以扩展到对特征向量的分布进行归一化。一种方法是将特征向量的每一维都归一化到标准高斯分布，称为**特征的高斯化**[57]。高斯化通常采用统计方法，以直方图形式统计特征的实际分布，将其变换为累积概率分布，再将该分布映射到标准高斯分布的累积分布。高斯化对一些任务有一定效果，但在某些任务上的表现未必好于简单的 CMN。

在实际系统中，为了保证实时性，需要设计一种在线 CMN。在对一句话进行识别时，最初没有任何数据，这时采用默认的 CMN 参数来对特征进行归一化；当数据逐渐积累后，对 CMN 参数逐渐求精，从而得到更好的归一化特征。这种在线估计可以理解为一种高通滤波器（滤掉了固定不变的成分）。将归一化过程表述为一种滤波过程具有很大的启发性，一些著名的去噪方法，如 ARMA 滤波和 RASTA 滤波[58]都遵循这一思路。

2. VTS

VTS 是一种加性噪声的建模方法。如在谱减法中所述，对于加性噪声，我们假设带噪语音的能量是原始语音和噪声的能量之和。假设我们使用 FBank 特征，则这一关系可表示为：

$$e^y = e^x + e^n \tag{7.13}$$

7.2 前端信号处理方法

做简单变换，得到如下公式：

$$e^y = e^x(1 + e^{n-x}) \tag{7.14}$$

$$y = x + \ln(1 + e^{n-x}) \tag{7.15}$$

如果记 $r = n - x$，且：

$$g(r) = \ln(1 + e^r) \tag{7.16}$$

可得如下关系：

$$y = x + g(r) \tag{7.17}$$

注意，$g(r)$ 是一个非线性函数。如果对这一非线性函数做一阶泰勒展开，即可得到带噪语音、原始语音和噪声之间的简单对应关系，从而由带噪语音推导出原始语音，这一方法称为 VTS 方法。一般假设原始语音具有混合高斯形式，噪声具有高斯形式。在这一假设下，可通过迭代求出在每一个高斯成分 s 下，r 的期望 μ_s^r，并由此得到基于高斯成分 s 的原始语音估计 $\hat{x}$ 如下[59]：

$$\hat{x} = y - \ln(e^{\mu_s^r} + 1) + \mu_s^r \tag{7.18}$$

由上述推导过程可知，VTS 的基本假设是：噪声是加性的，因此语音和噪声之间的能量具有加和关系。基于这一基本假设，VTS 推导出基于 FBank 特征的带噪语音和原始语音之间的关系，并用泰勒展开对这一关系进行近似描述。值得说明的是，对倒谱特征（如 MFCC）来说，上述推导过程依然成立，只不过需要加入一个 DCT 变换。

3. SPLICE

SPLICE 是另一种对特征进行建模的方法。与 VTS 不同，SPLICE 并不假设噪声是加性的，而是直接对原始语音和带噪语音的特征向量建立联合概率分布。为保证建模的精确性，SPLICE 采用 GMM 模型：

$$p(y, x) = \sum_{k=1}^{K} p(x|y, k) p(y, k) \tag{7.19}$$

其中 $p(\mathbf{y},k)$ 也是一个 GMM：

$$p(\mathbf{y},k) = p(\mathbf{y}|k)p(k) \tag{7.20}$$

SPLICE 定义条件概率 $p(\mathbf{x}|\mathbf{y},k)$ 具有如下线性形式：

$$p(\mathbf{x}|\mathbf{y},k) = N(\mathbf{x}; A_k\mathbf{y} + b_k, \Sigma_k) \tag{7.21}$$

则可由带噪语音估计出原始语音：

$$\hat{\mathbf{x}} = \sum_{k=1}^{K} (A_k\mathbf{y} + b_k) p(k|\mathbf{y}) \tag{7.22}$$

SPLICE 模型中的 $p(\mathbf{y},k)$ 部分可以通过对带噪语音的 GMM 建模来实现，而条件概率 $p(\mathbf{x}|\mathbf{y},k)$ 中的参数 $\{A_k, b_k\}$ 一般需要基于原始语音和相应的带噪语音数据（Stereo Data）进行训练。

7.2.3 基于 DNN 的特征映射

前面所述的大部分方法都假设了一个物理过程，基于该物理过程进行建模。这些方法具有较好的理论基础，需要的数据和计算量通常较小。然而，这些建模方法都或多或少引入了一些人为假设，这些假设在实际应用中可能无法满足，从而导致模型的不精确。同时，对一些难以建模的场景（如传输过程中信道的即时改变），这些方法也很难奏效。近年来，深度神经网络（DNN）成为语音信号处理的强大工具。DNN 的一个显著优势是可以近似任何映射函数，因此可以学习任何复杂的信号传递过程。我们可以利用这一能力，基于 DNN 将复杂环境中的语音信号或特征映射成安静环境下的信号或特征。研究表明，基于 DNN 的特征映射方法可取得非常好的效果[60, 61, 62]。

去噪自编码器（Denoising Auto Encoder, DAE）是一种常见的特征映射模型。与 SPLICE 一样，我们需要准备一份干净（原始）数据和一份相应的带噪数据，将带噪数据输入 DAE，输出的目标是对应的干净数据。通过训练 DAE 的参数可以学习到由带噪语音（或特征）还原出原始语音（或特征）的映射函数。图7.5给出一个利用 DAE 清除音乐噪声的例子[63]，可以看到，DAE 可以有效恢复被音乐破坏的语音数据。

如图 7.5 所示，左图是 DAE 的结构，右图是实验结果。其中每一组直方图表示一个系统，每一组的一个直方图代表测试数据中包括某种音乐的

7.2 前端信号处理方法

WER（Word Error Rate，词错误率）结果。从第一组结果可以看到，基于原始模型，在测试数据中加入音乐后性能显著下降；从第二组结果可以看到，即使只加入一种音乐做 DAE 训练，也可以明显提高系统性能，即使对没见过的音乐也是如此；从第三组结果看到，当加入更多类型的音乐进行训练后，性能有了进一步提高。

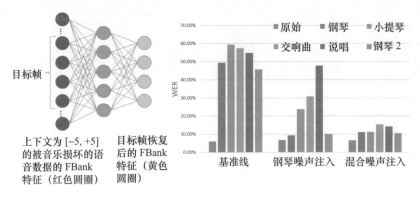

图 7.5　基于 DAE 的音乐噪声消除

Kaldi 的 THCHS30 recipe 提供了 DAE 训练流程样例，如图 7.6 所示，上图是 run.sh 中的调用程序，下图是 local/dae/run_dae.sh 脚本。在这一流程中，对每一条训练语句，随机选出一种噪声（基于狄利克雷分布）及噪声大小（基于高斯分布），将该噪声按选定的大小混入训练语句中，形成 DAE 的一个训练对。在训练时，对原始数据和加噪后的数据分别提取 FBank 特征，DAE 学习由带噪特征到原始特征的映射函数。

```
#quick_ali
steps/align_fmllr.sh --nj $n --cmd "$train_cmd" data/mfcc/train data/lang exp/tri4b exp/tri4b_ali || exit 1;

#quick_ali_cv
steps/align_fmllr.sh --nj $n --cmd "$train_cmd" data/mfcc/dev data/lang exp/tri4b exp/tri4b_ali_cv || exit 1;

#train dnn model
local/nnet/run_dnn.sh --stage 0 --nj $n  exp/tri4b exp/tri4b_ali exp/tri4b_ali_cv || exit 1; .

#train dae model
#python2.6 or above is required for noisy data generation.
#To speed up the process, pyximport for python is recommeded.
local/dae/run_dae.sh $thchs || exit 1;
```

图 7.6　Kaldi THCHS30 recipe 中提供的 DAE 训练和识别脚本

```
#!/bin/bash
# Copyright 2016  Tsinghua University (Author: Dong Wang, Xuewei Zhang).  Apache 2.0.
#                 2016  LeSpeech (Author: Xingyu Na).  Apache 2.0

# Conducts experiments of dae-based denoisng
stage=-1
nj=8

. ./cmd.sh ## You'll want to change cmd.sh to something that will work on your system.
           ## This relates to the queue.

. ./path.sh ## Source the tools/utils (import the queue.pl)
. utils/parse_options.sh || exit 1;

thchs=$1

if [ $stage -le -1 ]; then
  echo "DAE: switching to per-utterance CMVN mode"
  for x in train dev test test_phone; do
    mv data/fbank/$x/cmvn.scp data/fbank/$x/cmvn.scp.per_spk
    mv data/fbank/$x/spk2utt data/fbank/$x/spk2utt.per_spk
    mv data/fbank/$x/utt2spk data/fbank/$x/utt2spk.per_spk
    awk '{print $1" "$1}' data/fbank/$x/utt2spk.per_spk > data/fbank/$x/utt2spk
```

图 7.6　Kaldi THCHS30 recipe 中提供的 DAE 训练和识别脚本（续）

7.3 后端模型增强方法

后端模型增强方法通过调整声学模型，使系统适应实际应用场景。根据系统模型种类的不同（如 HMM-GMM 或 DNN），模型增强的方式也不同。下面主要讨论三种模型增强方法：基于噪声模型的简单模型增强方法、模型自适应方法、多场景学习和数据增强方法。

7.3.1 简单模型增强方法

对于一个 HMM-GMM 系统，如果假设噪声是加性的，则在 7.2.2 节所讨论的对特征的补偿方法可以同样用于对模型参数的补偿。与特征补偿相比，这种在模型上的补偿更加灵活，性能通常也更好。

以 FBank 特征为例，HMM-GMM 系统假设分配到每个高斯成分上的语音帧（FBank）是高斯分布的。同样，噪声也是高斯分布的。这一高斯分布映射到频域能量谱上，分别记为 X 和 N，这两者也是随机变量，分布为对数高斯（即取对数后是高斯的）。引入加性噪声假设，得到带噪语音的能量谱为 $Y = X + N$。一般来说，视 X 和 N 的相关性及它们的相对强弱，Y 的分布是不规则的。我们假设 Y 依然是对数高斯的，即可求出对应 FBank 域的高斯分布的参数，由此实现对原模型的修正。这一方法称为平行模型加和（Parallel Model Combination，PMC）[64]。

另一种方法是将特征域上的 VTS 补偿应用到模型增强，即不对特征进行修正，而是对模型参数进行改进，以更好描述加噪后的语音。这一方法同样使用了加性噪声假设，但和 PMC 中的对数高斯近似不同，VTS 基于泰勒展开对 y 和 x 之间的关系做近似[65]。

上述两种方法相对简单，但只能处理加性噪声，且只能应用于 HMM-GMM 系统，现在已经较少应用。

7.3.2 模型自适应方法

如果我们将实际应用环境看作与训练不同的另一种声学场景，则可基于第 6 章中所提到的领域自适应方法，利用应用场景的数据对模型进行更新。对于 HMM-GMM 系统，一般采用 MAP 和 MLLR 两种方法；对于 DNN 系统，可以在原模型基础上进行再训练，训练时选择较小的步长；或采用知识迁移方法[66]，以原系统的输出作为约束，以减小过拟合的风险。当前对 DNN 模型最有效的自适应方法还是基于 i-vector 的条件学习方法。前面提到过，i-vector 事实上是一种全信息向量，包括说话人、信道、语言、情绪等多种长时信息，因而可以充分覆盖噪声、混响、编码方式等环境因子的变化。实验表明，将 i-vector 作为一种辅助信息引入 DNN 模型训练和识别过程中，可以非常有效地对抗环境影响。

7.3.3 多场景学习和数据增强方法

DNN 的一个显著优势是可以进行**多场景学习**。在传统 GMM-HMM 系统中，虽然我们可以通过收集更多实际应用场景的数据来提高系统性能，但由于模型限制，当收集的数据具有较大差异时，将导致音素的区分性下降。这意味着大量数据虽然可以提高对场景的覆盖能力，但对某一应用场景来说，多场景学习并不能达到单一场景建模的效果。DNN 极大改变了这种状况。实验表明，DNN 模型可以有效学习多场景下的数据，这些各异场景的数据不仅不会降低音素的区分性，反而会互相促进，在各种场景下都能得到同步提高[67]。这一结果具有重要意义，说明如果我们可以收集足够多、对场景覆盖足够全的数据，那么一个 DNN 系统就可以在所有场景下顺利工作。这事实上已经在原则上解决了环境鲁棒性的问题。从某种程度上说，DNN 的这种多场景学习能力是今天大规模商用语音识别系统的基础。

尽管如此，我们依然要考虑如何有效利用 DNN 的这种多场景学习能力。这是因为数据天然具有长尾效应：绝大部分数据可能是正常的，但对很多特别场景（如特别强的噪声、特别强的混响、很少用的编码方式等），数据通常是不足的。数据在场景上的分布不均衡事实上引发了另一种更深刻的环境鲁棒性问题。**数据增强**（Data Augmentation）[68] 或**带噪训练**（Noisy Training）是解决数据不均衡问题的有效方法。具体来说，数据增强方法对原始训练数据进行各种变换，以模拟不同场景下语音信号的变异情况。这些模拟包括在数据中随机加入不同类型的噪声，让数据通过随机生成的 RIR 和各种编解码器进行重构等。实验发现，数据增强方法可以极大提高系统的鲁棒性，特别是非典型场景下的识别性能[69, 70]。

7.4 小结

本章我们简要介绍了提高识别系统鲁棒性的几种方法，这些方法可以分为前端信号处理和后端模型增强两类。前端信号处理方法的目的是对不同环境下的语音信号或特征进行归一化，使之可以适应标准语音训练出的模型。最常用的前端信号处理方法是 CMN，这种方法简单、高效，且有明确的物理意义，被广泛应用于各种商用语言识别系统。另一种前端信号处理方法是基于 DAE 的特征映射。归因于神经网络强大的函数学习能力，DAE 可以实现对各种复杂声学场景的归一化。后端模型增强方法的基本思路是对模型进行改进，使之对目标场景有更好的识别效果。目前模型增强的常用方法主要有两种，一是对模型进行自适应，使其适应目标场景；二是多场景学习，提高模型的泛化能力。对 DNN 来说，多场景训练一般可以取得较好的效果，利用数据增强方法可以进一步提高对非典型场景的覆盖。

8. 小语种语音识别

by 石颖

世界上存在近 7000 种语言[71]，其中绝大部分是小语种，使用人数超过 1 亿人的也就 10 余种。在我国，汉语的使用人口最多，占总人口的 90% 以上，余下的 70 多种语言绝大部分是小语种，使用人数少，语音和语言资源有限。一般认为小语种是除联合国六种通用语言（汉语、英语、法语、俄语、西班牙语和阿拉伯语）外的所有语言。本章将讨论小语种识别的若干关键技术。

值得说明的是，小语种和方言有所不同。小语种本质上是一门独立的语言，有独立且完备的发音体系、书写方式及语法现象。对于方言 (Dialect) 的界定则不像小语种那么清晰，一般认为是因地理差异形成的较大规模的语言变体，包括发音和用词等方面的改变。比方言再低一个层次的语言变化称为口音（Accent）。口音只包含发音上的改变，这种改变既可能是因为地域原因，也可能来源于外语习得时遗留的母语影响。我们所讨论的小语种识别技术同样可用于改进对方言和口音的识别。

目前，小语种语音识别受到越来越多的关注。著名的 Babel 项目给自己设定的目标即"在一周内就为一种新语言构造一个语音识别系统"[1]。该项目于 2011 年启动，参与单位包括 CMU、UC Berkeley ICSI 实验室、IBM Watson 研究中心、BBN 公司等著名机构。Babel 项目不仅取得了丰硕的科研成果，同时对研究者开放了超过 20 种语言的数据包，有力地促进了小语种研究。M2ASR 项目是由国家自然科学基金委员会支持的重点研究项目，目的是研究面向少数民族语言的多语种识别方法，特别是对数据稀缺的少数民族语言的识别方法。该项目于 2017 年启动，参与单位包括清华大学、西北民族大学和新疆大学。目前，该项目已经输出大量研究成果，向学术界公开了维、哈、藏、蒙等少数民族语音数据资源超过 800 小时[2]。

8.1 小语种语音识别面临的主要困难

（1）资源普遍稀缺。

几乎所有小语种都存在资源稀缺问题。资源稀缺性表现在语音数据、文本数据、音素集、发音词典等各个方面。即使是资源相对丰富的几种语言（如维吾尔语），数据资源的总量也很小，而且分散在各个研究机构，缺少统一的标准和规范，且很少公开。

（2）语言的复杂性和各异性较强。

资源的稀缺使得为每种语言单独建模几乎不可能，因而只能借助语言之间的共性，通过共享建模来提高性能。然而，人类语言极其复杂，不同语言在语音和语法层次有很大差异。这种复杂性和各异性使得不同语言共享建模变得困难。

（3）多语言融合为识别系统带来挑战。

不同语言的相互融合，特别是英语和汉语等主流语言对其他语言的渗透是大势所趋。然而，语言融合会显著降低小语种识别的性能。第一，外来语带来的新词增大了音素空间和词表空间，增加了解码时的混淆度；第二，加入外来语需要对词表和语言模型等进行动态更新，给当前的静态解码方法带来挑战；第三，外来语在语言模型中一般不具有足够的代表性，如何将这些

---

[1] 见美国 IARPA 官网 Babel 项目。
[2] 项目成果和资源发布可参见 M2ASR 官网。

新词有效加入识别系统中并不容易。

（4）多元化带来建模上的困难。

很多小语种在发音和书写上都相对多元化，如地方口音的差异，口语用法与书面语用法的差异，不同教育水平的人群对主流语言的接受差异，不同年龄的人群对网络用语、社交媒体用语等新词汇的接受差异。更甚，有的语言基本没有标准化的发音和语法，使用语言随人群不同具有很强的随意性。这些多元化与随意性给语音识别系统带来极大的挑战，特别是在数据资源稀缺的大前提下，这一挑战显得尤为严峻。

基于上述困难，小语种语音识别的基本思路是分拆与复用。所谓分拆，是将语音信号中的信息分解为共性和个性两部分，并分别进行处理。所谓复用，是指对分拆出的共性部分通过"共享"或"借用"的方式实现更好的建模。这里的共享方式是指收集多种语言的共性资源训练出大家可用的公共模型；借用方式是指利用主流语言的丰富资源学习出基础模型，再基于该基础模型训练小语种模型。一般认为，语言的差异主要体现在词法和语法的不同，在发音上的差异相对较小。因此，我们通常将语音信息拆分成声学层和语言层两部分，对声学层信息进行多语言共享或借用学习，对语言层信息单独建模。

8.2 基于音素共享的小语种语音识别

传统基于 GMM-HMM 的语音识别系统多采用音素共享和映射的方法实现小语种识别。音素共享最早被用于解决多语种混合解码问题。例如，Cohen 等[72] 应用这一方法将英语与法语的音素进行合并（如图 8.1 所示），从而实现英语和法语两种语言的混合识别。

Schultz 等人[73, 74] 基于国际音标（International Phonetic Alphabet, IPA）将不同语言统一到一个通用音素集上，并基于该音素集构造多语言 GMM-HMM 模型，训练时利用多语言数据进行联合训练，如图 8.2 所示。在 Global Phone 数据库上的实验结果表明，音素共享和多语言数据训练可以为小语种提供更好的初始模型，经过少量数据做自适应训练后，可取得比单独训练更好的识别性能。Lin 等人[75] 的工作同样基于共享音素的多语言建模，只不过实验基于通用音素集（Universal Phone Set, UPS）。UPS 和

IPA 基本上是对应的，不同之处是 UPS 包含了一些组合音，如鼻化元音等。

English Phone	English Word	French Word	French Phone
AA	C<u>AR</u>D	<u>a</u>dieux	A_
AO	<u>AU</u>STIN	b<u>or</u>de	Õ O=
AX	<u>A</u>GAIN	l<u>e</u>	E=
B	<u>B</u>E	<u>b</u>ien	B_
D	<u>D</u>EN	<u>d</u>emi	D_
EH	Y<u>E</u>S	pr<u>e</u>'cis	ô'
EY	SP<u>AI</u>N	f<u>ai</u>t, adr<u>e</u>sser	ô" ô=
F	<u>F</u>OR	<u>f</u>rance	F_
G	<u>G</u>O	au<u>g</u>mente	G_
IY	<u>I</u>TALY	l<u>i</u>gne	I_
L	<u>L</u>ATE	<u>l</u>igne	L_
M	<u>M</u>ATE	li<u>m</u>ites	M_
N	<u>N</u>OT	lu<u>n</u>ette	N_
OW	<u>O</u>	m<u>au</u>vais	Ô
P	<u>P</u>ER	<u>p</u>aris	P_
R	P<u>R</u>OP	pa<u>r</u>is	R_
S	<u>S</u>O	adre<u>ss</u>e	S_
SH	RU<u>SH</u>	atta<u>ch</u>e	CH
T	<u>T</u>O	re<u>t</u>our	T_
UW	S<u>U</u>PER	at<u>ou</u>t	OU
V	<u>V</u>IA	<u>v</u>ous	V_
W	<u>W</u>E	<u>ou</u>i	W_
Y	<u>Y</u>ES	<u>y</u>eux	Y_
Z	<u>Z</u>ERO	limou<u>s</u>ine	Z_
ZH	PLEA<u>S</u>URE	a<u>ll</u>iages	J_

图 8.1　基于知识的英语-法语音素共享与映射[72]

另一种音素共享方法基于数据驱动。假设有语言 A 和 B，首先为这两种语言单独建立语音识别器，然后对这些语言的所有或部分数据利用 A 和 B 两种语言的识别器分别解码，得到基于两种语言的识别结果。基于这些识别结果，可以统计这些语言之间的音素混淆矩阵，从而得到这些语言之间的映射。这里的混淆矩阵是指一种语言中的某个音素被映射为另一种语言中的某个音素的概率。所有这些概率将组成一个 $N \times M$ 的矩阵 T，其中 M 和 N 分别是两种语言的音素集大小。$T(i,j) = p(s_j^B | s_i^A)$，即语言 A 中的第 i 个音素映射到语言 B 中的第 j 个音素的概率。在实际建模时，通常对两种语言的识别结果做帧级别的强制对齐，再统计不同语言各个音素之间的对应帧数，即可统计出混淆矩阵中对应的概率。Sim 等[76] 基于这一思路实现了一个用俄语模型来识别捷克语的跨语言识别系统，首先基于数据驱动建立俄语到捷克语的音素映射，然后利用俄语模型对捷克语进行识别，最后把得到的俄语音素串转换成捷克语音素串。

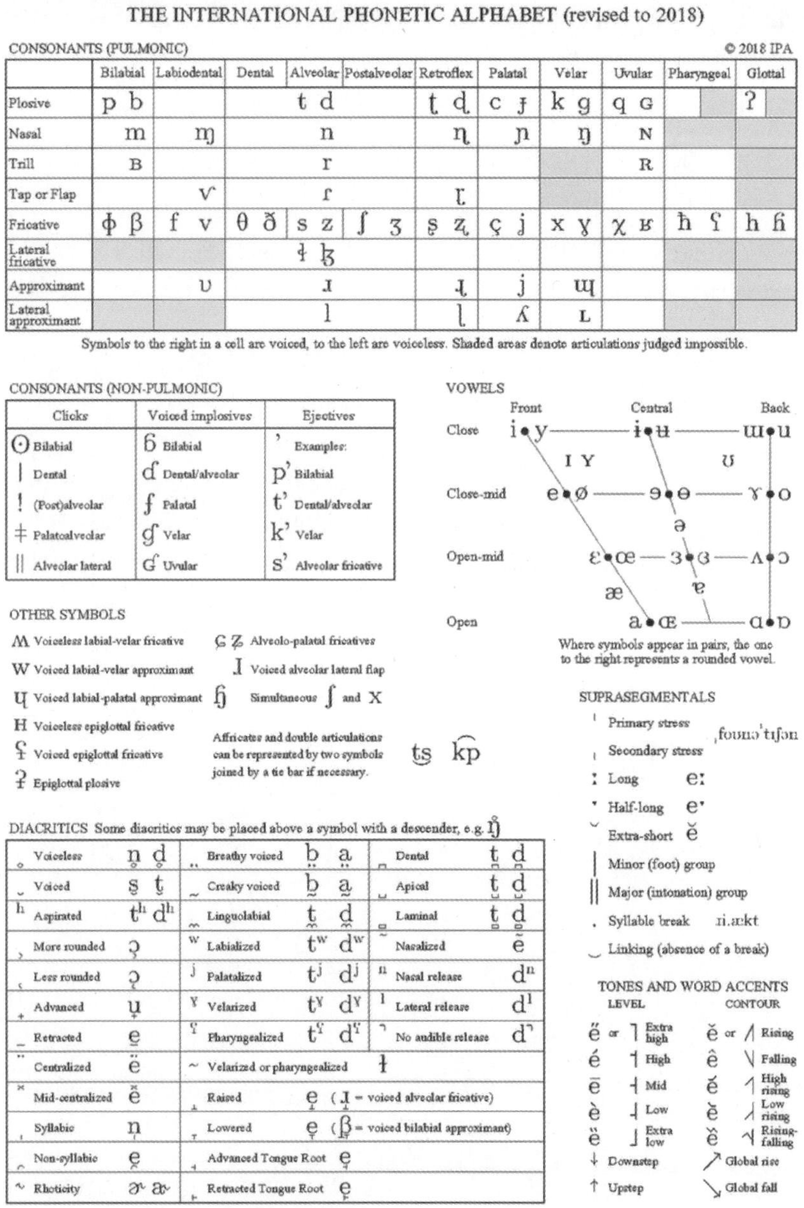

8.2 基于音素共享的小语种语音识别

图 8.2　国际音标（International Phonetic Alphabet, IPA）（2018 修订版[1]）

---

[1] 参见维基百科官网。

Schultz[73] 等人对比研究了基于 IPA 的音素映射方法和基于数据驱动的音素映射方法。他们首先基于 IPA 对七种语言建立一个多语言识别系统，然后基于 IPA 或数据驱动建立一个七种语言音素集到瑞典语音素集的映射，最后基于该映射对瑞典语进行识别。这一识别可以直接利用七种语言的识别系统，并将识别结果依音素映射表转换为瑞典语输出；也可以用七种语言的模型做初始化，并用少量瑞典语数据做自适应训练。图 8.3 给出了基于 IPA 和数据驱动得到的映射表，表中每一行为一个瑞典语音素。在数据驱动方式中，选择混淆度最大的七种语言音素作为映射结果。

Target	IPA-Map	Phone-Map	Subphone-Map		
			-b	-m	-e
p	p	p	p-b	p-m	p-e
b	b	b	b-b	b-m	b-e
t	t	t	t-b	t-m	t-e
d	d	d	d-b	d-m	d-e
ʈ	t (-)	t	t-b	t-m	t-e
ɖ	d (-)	d	b-b	d-m	d-e
k	k	k	k-b	k-m	k-e
g	g	g	g-b	g-m	g-e
m	m	m	m-b	m-m	m-e
n	n	n	n-b	n-m	n-e
ɳ	n (-)	n	n-b	n-m	n-e
ŋ	ŋ	ŋ	ei-e	ɴ-m	ŋ-e
r	r	r	r-b	r-m	r-e
f	f	f	f-b	f-m	f-e
v	v	v	v-b	v-m	v-e
s	s	s	s-b	s-m	s-e
ʃ	ʃ	ʃ	ʃ-b	ʃ-m	k-e
ʂ	ʂ	ʃ	s-b	ʃ-m	ʃ-e
ç	ç	x	θ-b	ɯ-m	x-e
h	h	h	h-b	h-m	h-e
j	j	j	ʎ-b	j-m	j-e
l	l	l	l-b	l-m	l-e
ɭ	l (-)	l	l-b	l-m	l-e
ks	x (-)	s	ts-b	s-m	s-e

Target	IPA-Map	Phone-Map	Subphone-Map		
			-b	-m	-e
ɪ	ɪ	e	ɪ:-b	ɪ:-m	e-e
i:	i:	i	ʎ-b	i:-m	i-e
y	y	e:	e:-b	e:-m	i-e
y:	y:	e:	uei-m	e:-m	e:-e
ʉ:	u (-)	ø:	ø:-m	ɯ-m	ɯ-m
u	u	ʊ	ɔ-b	ʊ-b	ʊ-m
u:	u:	u	u-b	ʊ-m	'u-e
e	e	e:	e:-m	e:-m	e-e
e:	e:	e	e:-b	e:-m	e-e
ø	ø	œ	œ-e	œ-m	œ-e
ø:	ø:	œ	ɔ-m	œ-m	œ-e
ə	ə	e	i:-e	uei-m	e-e
ɵ	ə (-)	ɔ	y-m	ɔ-m	ɔ-e
o:	o:	o:	o:-b	o:-m	o:-e
ɛ	ɛ	e	e-b	e-m	e-e
ɛ:	ɛ:	e	e-b	ɛ-m	'e-e
œ	œ	ɐ	ɐ-b	ɐ-m	ɐ-e
œ:	œ (-)	eu	eu-b	eu-b	eu-m
ɔ	ɔ	o:	o:-b	o:-m	o:-e
æ	æ	e	e-b	e-m	ai-m
æ:	æ (-)	'a	œ-b	ɐ-m	'a-b
a	a	ɑ	a:-b	a:-m	'a-m
a:	a:	a:	œ-m	iao-m	au-m
ɑ:	ɑ	ɑ	a:-b	a:-m	'a-e

图 8.3 基于 IPA 和数据驱动得到的瑞典语音素到七种语言音素集的映射表[73]

音素共享也可以用于 DNN 识别系统中。例如，Das 等人[77] 基于 IPA 建立了英语和土耳其语联合音素集，基于这一音素集，可以训练多语言 GMM-HMM 系统和多语言 DNN-HMM 系统，无论选择哪种模型，其音素共享方法都可以显著提高小语种（土耳其语）的识别性能。

人类语言在语音层具有共性，因此可以利用多语言或主流语言的数据资源训练语音特征提取器，直接用于小语种数据做特征提取并构造声学模型。这一特征共享方案既可用于 GMM-HMM 系统，也可用于 DNN-HMM 系统。

常用的可共享特征包括瓶颈（Bottle Neck，BN）特征[78, 79] 和后验概率特征[80, 81]。如图 8.4 所示，首先构造一个 MLP/DNN 音素分类器，该分

8.2 基于音素共享的小语种语音识别

类器的中间层输出具有显著的发音区分性。一般中间层比其他层具有较少的节点数,因此称为瓶颈层,相应的输出称为瓶颈特征。同时,该分类器的输出为输入语音帧对应的音素后验概率,同样具有明显的发音区分性,称为后验概率特征。

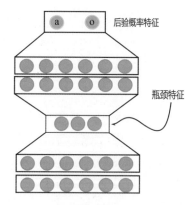

图 8.4 瓶颈特征和后验概率特征

Tuske 等人[82]用多语言数据训练一个多语言 DNN 模型,如图 8.5 所示,通过提取瓶颈特征用于小语种语音识别。该特征在 GMM-HMM 和 DNN-HMM 系统中都取得了较好的效果。类似的方法也用在 Thomas[83] 和 Knill[84] 等人的工作中。

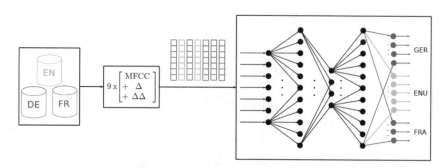

图 8.5 用于瓶颈特征提取的多语言 DNN 模型

Stolcke 等人[85]研究了基于后验概率特征的跨语言识别。他们发现一个用英语训练的音素区分网络得到的后验概率特征可以直接用于汉语和阿拉伯语等语音识别任务中。Toth 等人[86] 的工作也发现,基于英语训练的 MLP 可直接对匈牙利语数据提取后验概率特征并用于声学模型建模。

8.3 基于参数共享的小语种语音识别方法

在基于 DNN 的语音识别系统中，DNN 用来逐层学习语音信号中的区分性信息并最终输出在音素（或 Senones）上的后验概率。基于人类语音的共性，可以想象该 DNN 模型在前几层都在学习和语言无关的特征，只有在最后几层，语言信息才开始变得明确。因此，我们可以通过共享 DNN 的前几层参数来克服小语种建模的数据稀缺问题。与特征共享方式不同，参数共享主要用于 DNN-HMM 系统中的 DNN 模型训练。这一共享通常有两种方式：多任务学习和迁移学习。

多任务学习（Multi-Task Learning）是指通过共享同一个网络或网络的一部分对多个任务进行同时学习。基于这一学习方式，参与共享的网络在参数更新时可利用多个任务的误差信息，从而实现不同任务之间的信息共享。应用到小语种语音识别上，可以将包括小语种在内的多个语言作为不同任务，这些任务共享 DNN 特征提取层，输出层则互相独立[87, 88, 89]。图 8.6 给出了一个多语言共享的 DNN 模型结构。

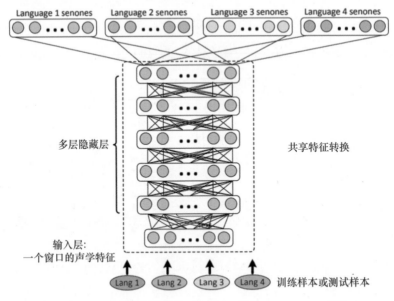

图 8.6　基于多任务学习的深度神经网络（1）[87]

Chen 等人[90] 将多任务学习方法应用到小语种语音识别中。他们采用的模型如图 8.7 所示。该模型除了将多个小语种语音识别作为独立任务，还

8.3 基于参数共享的小语种语音识别方法

引入了一个通用音素识别任务,即将所有语言的音素集统一为一个通用音素集,在训练时不仅计算在特定语言音素集上的误差,而且计算在通用音素集上的误差。作者利用南非的 3 个小语种数据进行研究,每种语言数据量为 3~8 小时。实验证明,多任务学习可以有效提高小语种的语音识别性能。

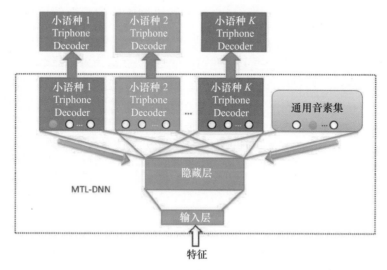

图 8.7 基于多任务学习的深度神经网络(2)[90]

迁移学习(Transfer Learning)[91] 是另一种常用的小语种语音识别建模方法。该方法首先利用多语言数据或主流语言数据建立一个 DNN 模型,基于该模型对小语种模型进行初始化,再利用少量小语种数据进行针对性训练。如图 8.8 所示,我们有大量的汉语数据,但日语数据稀缺。迁移学习首先训练一个汉语 DNN 模型,再基于该模型初始化日语 DNN 模型。由于汉语和日语音素集不同,我们仅能迁移底层的部分网络(图 8.8 为第一层),其余网络参数需要随机初始化。日语 DNN 初始化完成后,可利用少量日语数据做进一步训练。

小语种语音识别的主要困难在于语音数据的稀缺。在很多时候,稀缺的并不是语音数据本身,而是语音的文本标注。如果可以利用大量未标注数据,则小语种语音识别的困难有望得到很大缓解。基于这一思想,Shi 等人[92] 提出一种称为 MaR(Map and Relabel)的半监督学习方法。该方法分为 Map 和 Relable 两个步骤。在 Map 步骤中,作者首先利用汉语训练一个大规模 DNN,其输出为 Senone(对应共享的 tri-phone)。基于迁移学习的思路，将该汉语 DNN 去掉最后一个线性层后作为维吾尔语（后面简称维语）DNN 的特征提取网络，并加入一个随机初始化的线性层，用来预测维语的音素。如图 8.9 所示，左图为一个基于 Senone 的汉语音 DNN，右图为基于音素的维语 DNN。维语 DNN 的特征提取层由汉语 DNN 复制得到。由于音素量要远小于 Senone，所以这一随机初始化的线性层可以通过少量标注数据进行学习。学习完毕后，即得到一个维语 DNN。在 Relabel 步骤中，基于该维语 DNN 对未标注的维语数据进行识别，得到这些数据的伪标注。这些伪标注的数据可以用来对维语进行 DNN 建模。实验结果表明，基于该方法，利用 10 小时的数据即可获得传统方法用 100 小时数据得到的识别率。

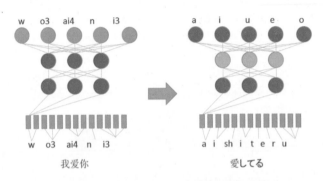

图 8.8　基于迁移学习的小语种建模

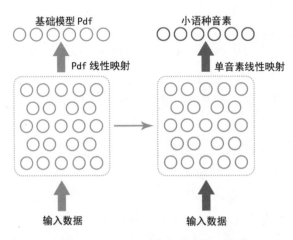

图 8.9　MaR 方法中的 Map 步骤

8.4 其他小语种语音识别方法

8.4.1 Grapheme 建模

很多小语种的语音学和语言学研究还不充分，缺少完整的发音词典。对这些语言可以基于 Grapheme 进行建模。所谓 Grapheme，是指组成单词的字母。这些字母有可能对应多个发音（如英语里的 k，在 kat 和 skip 里发音不同），或字母组合对应一个发音（如英语里的 th 和 ph）。基于 Grapheme 的语音识别系统可以省去构造发音词典的麻烦[93]。Le 等人[94] 以越南语为例研究了基于 Graphame 在小语种语音识别上的建模问题，Chen 等人[90] 将 Grapheme 作为辅助任务来训练多任务 DNN，提高了小语种语音识别的性能。

8.4.2 网络结构与训练方法

因为数据量小，小语种建模容易产生过训练问题。Miao 等人[95] 发现在 DNN 训练中引入 Dropout 操作可有效防止 DNN 的过训练。同时，利用 Maxout 激活函数可以进一步提高小语种建模的性能。作者认为这是因为 Maxout 激活函数可以学习到语音信号中的稀疏特征，从而提高对噪声等干扰因素的抵抗力。Dropout 操作和 Maxout 激活函数对 DNN 识别性能的影响如图 8.10 所示，左图为低资源建模，右图为较大数据建模。可以看到，在低资源建模的情况下，Dropout 和 Maxout 激活函数对 DNN 模型有更大帮助。

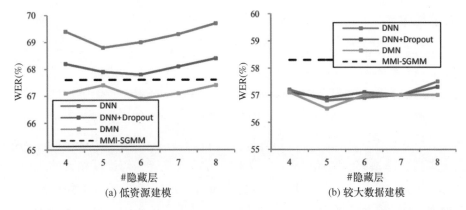

图 8.10 Dropout 操作和 Maxout 激活函数对 DNN 识别性能的影响[95]

8.4.3 数据增强

数据增强（Data Augmentation）是一种增加 DNN 模型鲁棒性的常见做法[68, 96, 97]。所谓数据增强，是指人为地往训练数据中混入各种噪声和干扰，以提高数据的覆盖度。对小语种语音识别而言，基本训练数据量很小，这时语音增强就显得非常重要。例如，Ragni 等人[98]基于 Babel 数据研究了语音增强在阿萨姆和祖鲁语上的识别效果，发现基于声道长度变换的语音增强可以提高小语种语音识别的性能。

8.5 小语种语音识别实践

8.5.1 音频数据采集

在前文中，我们已经提到了小语种语音识别面临的首要问题是数据资源的稀缺性，这主要是因为小语种的适用人群与流通范围相对较小，且很多小语种分布的地区信息化尚不完备，导致对语音数据的收集和整理成本偏高，且质量难以控制。因此，在有限的条件下收集最有价值的语音数据就显得至关重要。什么样的数据是有价值的数据呢？首先要保证音素的覆盖度，包括单个音素和上下文相关音素的覆盖度。满足了发音覆盖度，还需要考虑说话人的覆盖度，包括性别、年龄、口音等。此外，还需要增加信道、噪声、混响、音量、语速等发音特性上的覆盖度。这些特性虽然可以用数据增强方法模拟，但真实场景下的数据对提高识别率更有价值。

8.5.2 文本数据采集

相对于语音数据，文本数据的采集比较容易，一般用网络爬虫即可不间断地获取。文本数据主要用于构建语言模型，因此需要考虑的主要是对领域的匹配度。例如，如果我们的任务是识别口语对话，那么收集论坛的评论就比收集新闻网页有价值得多。文本的领域匹配度可以用候选文本在一个领域相关语言模型上的混淆度（Perplexity，PPL）来衡量，PPL 越低，说明该文本与目标领域的匹配度越高。例如，可以选取一些与领域相关的文本作为种子训练一个 n-gram 模型，在数据采集时计算每句话在该模型上的 PPL 并保留 PPL 相对较低的句子。SRILM 工具包[99]提供了计算 PPL 的接口，可以直接调用。

8.5.3 文本归一化

处理小语种的语音标注或语言模型文本时，一般会将其转换成拉丁字母形式，以方便计算机处理和非母语研究者进行检查。一些小语种的拼写方式很不规范，需要在处理时特别注意。以维语为例，该语言的拼写和发音是一一对应的，而不同地区对同一个单词的发音可能很不相同，直接导致拼写上的各异性。这种拼写上的各异性给语言模型建模带来很大困难，需要在建模前将各异化的拼写归一到标准拼写。

对非母语研究来说，在对某种小语种建模之前可以多了解一下该语言的特性，以选择最合理的建模方法。这些特性包括：该语种是否存在元音和谐律，元音和谐律是否会为文本处理带来歧义，如何处理外来词，如何处理网络用语，如何进行字词分割（例如，大部分阿拉伯文以空格分割，而藏语则有特定的分隔符），等等。这些经验可以让研究者少走弯路。

8.5.4 发音词典设计

合理的发音词典可降低声学模型和语言模型的建模难度。对小语种语音识别来说，设计发音词典最重要的是选择合理的发音单元和语言模型单元，而这一选择与语言本身的特性直接相关。以汉语为例，发音单元一般可选音素或声韵母，语言模型单元一般选词。对维语而言，因为发音与拼写对应，发音单元选择 Grapheme 即可。同时，因为维语是粘着语，以词干为基础，可以加入若干后缀形成新词。这意味着维语的词汇量极大，且新词产生率较高。这时以词为单位建立语言模型就不合适，一般可选择词素（Morpheme）为建模单元[100]。

8.6 小结

本章主要讨论了小语种语音识别的建模方法。不论是传统方法还是基于深度学习的方法，共享是提高小语种语音识别性能的基本思想。这一共享可以在音素、特征和模型参数三个层次体现。音素共享的目的是在不同语言的发音单元间建立映射关系，从而可以用其他语言的语音数据对目标语言的音素进行训练。这一方法简单有效，但这种离散单元之间的映射忽略了不同语言在发音上的细节差异，常会带来性能损失。特征共享和参数共享本质上都是复用基于神经网络的特征提取单元，而这一复用的基本假设是不同语言在发音上的相似性。得益于 DNN 对复杂场景的特征学习能力，这两种共享方案在当前大数据学习时代取得了很大成功，显著提高了小语种语音识别的性能。除基础的共享方法外，我们还讨论了小语种建模中的若干技巧，包括对未标注数据的利用、模型结构的选择与训练方法、数据采集方案、词典设计方案等。

总而言之，近年来小语种语音识别取得了长足进展，特别是基于 DNN 的特征共享和参数共享方法极大提高了小语种的声学建模能力。目前制约小语种语音识别性能进一步提高的主要原因可能是发音词典、语言模型这些与语言本身特性相关的部分。另外，外来语、地域口音等语言现象在小语种里表现得更为普遍，需要设计合理的模型方法进行有针对性的处理。

9. 关键词识别与嵌入式应用

by 汤志远

9.1 基本概念

从一个小视频说起：受过良好"教育"的狗狗端坐在一份美食面前心潮澎湃着，当主人说出"三"这个数字时，它便可以大快朵颐了。于是主人开始"调戏"它，"一""二""三——十一"（都已经要低下头冲向食物了，结果主人只是拖长了音，于是晃了晃身子又回到原位）、"三——十三"（主人又拖长了音，箭在弦上，差点发射）……"三"（反应了一瞬间，后面没有声音了，终于可以开动了）。

这个视频中的狗狗让很多耗费大量人力才建立起来的计算机系统逊色。视频中的"三"就是一个关键词，并且是单独的一个"三"，而不是"三十三"中的"三"，对于机器来说，识别出"三"的同时还要区别开孤立词"三"与"三十三"，这更增加了机器识别的难度。这里，机器从一段连续的语音中识别出指定关键词的技术，就叫关键词识别或关键词检出（Keyword Spotting, KWS）。文档图像处理等领域也有关键词识别技术，这里不做讨论。

关键词检测的英文术语也可以使用"Spoken Term Detection"（STD）。STD 任务最开始由美国国家标准与技术研究院（NIST）提出，是指利用语音识别系统生成的中间结果进行特定关键词的检测，其使用的测评标准也由 NIST 单独给出[101]。STD 任务最初的定义是需要依赖语音识别系统的，属于语音识别系统的子应用，如果放开这个限制，STD 与 KWS 的目标是一样的，都表示关键词识别，且随着研究的深入，二者的实现方法都是类似的，二者并没有本质的区别。

命令词识别（Command Recognition）也可以看成是 KWS 的另一种叫法，只是该叫法更加强调场景的应用，即要识别的关键词代表着机器即将进行的某种动作或行为，关键词的格式通常为祈使句，比如"打开电视"。

唤醒词检测（Wake-up Word Detection，WUW）也可以看成 KWS 的一种特殊应用，不同之处在于，唤醒词检测的唤醒关键词一般只有一个，如同一个人的姓名，比如"小清"；并且，使用中唤醒词作为独立词，没有直接上下文，与我们使用姓名呼唤同伴一样，比如"小清，打开电视"（"打开电视"是命令词），而不是"小清的声音大一点"。

大体上，以上技术都可以归到关键词识别的范畴。关键词识别与语音识别的联系，可以通过识别对象是否为孤立词及词汇量的大小来进行对比。图 9.1 展示了上述技术与语音识别的关系，其中 LVCSR 表示大规模连续语音识别（Large Vocabulary Continuous Speech Recognition）。"连续词"表示连续的多个词，语音识别中文本的单位为"词"，即使是"的"这样的单字也称为词。图中各技术的界限并不是绝对的，比如一个大型关键词识别系统的规模甚至要超过一个基本的语音识别系统，又比如一个关键词甚至可以是一个连续的句子。一般来说，相较于关键词识别，语音识别词汇量更大，识别的词更长、更连续，所以语音识别可以加以改造，并用于关键词识别。

关键词识别的应用场景较为丰富，比如家居生活中，凡是需要用到遥控器、控制面板的电器都可以使用命令词操控（如空调、电视、油烟机、热水器等），刑事侦查或公共安全中对敏感词汇的过滤。通过引入说话人识别技术，可以实现特定人的关键词识别，比如手机的语音唤醒，部分儿童不宜接触家电的命令词控制，等等。

由于命令词识别常常用于低功耗电器上，系统的性能、资源消耗与实时性相互之间的平衡也是应用中需要考虑的问题。

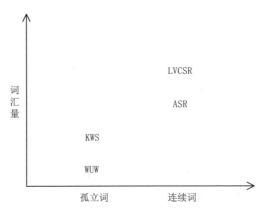

图 9.1 关键词识别与语音识别的关系

9.2 评价指标

关键词识别系统根据其在应用中的关注点不同，所选取的评价指标也各有侧重，以下列举部分常用的指标。

考虑语音的两种情况，一种是语音中包含某个关键词，另一种是不包含关键词，则关键词识别系统对语音的识别结果无非是 4 种组合（沿用文献 [102] 中的表示）：

- 真阳性（True Positive，TP）：语音包含关键词，系统识别成功。
- 伪阳性（False Positive，FP）：语音不包含关键词，系统却识别出结果。
- 真阴性（True Negative，TN）：语音不包含关键词，系统未识别出结果。
- 伪阴性（False Negative，FN）：语音包含关键词，系统却未识别出结果。

对应地，其混淆矩阵如图 9.2 所示，其中 TP、FP、TN、FN 均表示个数，据此我们可以定义如下指标：

1. 虚警率（False Alarm Rate，FAR）

虚警是指不应该识别成命令词的语音却识别成了命令词。虚警率在关键词识别中也可称为误识率（False Acceptance Rate，FAR），FA 等价于 FP，$\text{FAR} = \frac{\text{FP}}{\text{FP}+\text{TN}}$，其值越小越好。关键词识别系统在使用过程中，通常需要持续工作，随时都在"监听"外界声音，所以讨论单位时间内的虚警率更有实际意义，比如每天的虚警率 FAR/D、每个小时的虚警率 FAR/h。不同的关键词识别系统可能有不同的关键词数，所以每个关键词下的平均虚警率可以用于横向比较不同系统。

2. 拒识率（False Rejection Rate，FRR）

拒识是指本该识别成命令词的语音却没识别出来。FR 等价于 FN，$\text{FRR} = \frac{\text{FN}}{\text{TP}+\text{FN}}$，其值越小越好。

3. 准确率（Accuracy）

准确是指该识别的语音识别出来了，不该识别的语音未识别出来。$\text{Accuracy} = \frac{\text{TP}+\text{TN}}{\text{TP}+\text{FP}+\text{TN}+\text{FN}}$，其值越大越好。

4. 精确率（Precision）

也叫查准率，$\text{Precision} = \frac{\text{TP}}{\text{TP}+\text{FP}}$，其值越大越好。

5. 召回率（Recall）

也叫查全率，$\text{Recall} = \frac{\text{TP}}{\text{TP}+\text{FN}}$，其值越大越好。

6. F1 值（F1-Measure，F1-Score）

F1 值是 Precision 和 Recall 的调和平均值，兼顾二者，$\text{F1} = \frac{2}{1/\text{Precision}+1/\text{Recall}}$。

7. ROC 曲线（Receiver Operating Characteristic Curve）

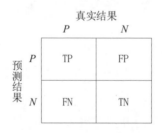

图 9.2　二分类混淆矩阵

关键词识别系统的性能是误识与拒识之间的权衡，系统阈值可以"严厉"一点，不让非命令词通过，但同时也会误伤有效命令词；阈值也可以宽松一点，让命令词较容易通过，但同时伪装者也可能会蒙混过关。通过调整不同的阈值，可以得到不同的 Recall 和 FAR，并分别以两者为纵、横坐标作图，得到 ROC 曲线。ROC 曲线只能从直观上反映系统性能随阈值的变

9.3 实现方法

化趋势，不是一个可以直接比较的数字，可以通过计算曲线与横坐标之间区域（Area Under Curve，AUC）的面积得到一个指标，该指标值越大越好。不同的阈值会有不同的 FAR 和 FRR，FRR=1-Recall，当 FAR=FRR 时，其值称为等错误率（Equal Error Rate，EER）。等错误率常在说话人识别中用到，也可用于命令词识别。如果以 FAR、FRR 分别为纵、横坐标进行作图，得到的曲线就是 DET（Detection Error Tradeoff）曲线，顾名思义，该曲线反映了二者的对抗关系。图 9.3 展示了 AUC、EER 与 ROC 曲线的关系，其中 TPR=Recall。FOM（Figure Of Merit）指标[103] 在计算 AUC 面积时进一步考虑了 FAR/h。

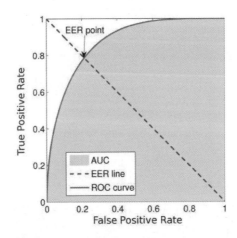

图 9.3　AUC、EER 与 ROC 曲线的关系

关键词识别系统在实际使用中常常处于"监听"状态，时刻都在进行着关键词的检测，衡量系统能否正常工作的重要指标是实时率（Real Time Factor，RTF）。如果系统花费时间长度 P 来处理一段时间长度为 I 的语音，则 RTF=P/I，只有当 RTF 不大于 1 时，系统才能满足实时性要求，即收支平衡或支大于收。

9.3 实现方法

9.3.1 总体框架

语音任务（语音识别、说话人识别、语种识别等）大多使用类似的前端特征提取流程，包括语音增强、语音降噪、规整手段等，关键词识别也是如此。关键词识别可以看成个别孤立词汇的语音识别系统,故它可以延用常规语音识别的前端特征提取结构。

如果由人类来做关键词识别,是可以立刻上阵的,因为人类可以直接依赖已有的语音识别神经系统,从听到的内容里直接进行筛选即可。类似地,假如机器已经能够进行良好的语音识别,转而进行关键词检索,似乎是顺其自然的,这便是实现关键词识别的第一类方法:基于现成的语音识别系统,是一个站在巨人肩膀上的方法,可以坐享语音识别系统的果实,但语音识别系统的弱点也将被继承下来,比如语音识别系统较为庞大,耗费资源,不利于边缘计算。

上文提到的小视频中,狗狗并不需要懂得人类的全部语言,只需要能够区分关键词与非关键词即可,所以我们可以从头搭建一个系统,不靠外援。这便是实现关键词识别的另一类方法:独立任务,是一个短小精悍的方法,有了更多的灵巧性,但也受限于见识不足,比如训练语料不够,且专词专用,其他命令词不能复用。

图 9.4 展示了关键词识别技术主要实现方法的框架,下文将对其中的方法逐一进行讲解,且以基于深度学习的思路为主。由于实际应用中,命令词识别系统需要持续不断地对输入的语音进行检索,滑动窗口的设计也至关重要,既期望大跨步、提高计算速度,又必须保证不漏检,下文也将对其设计进行简单的讨论。

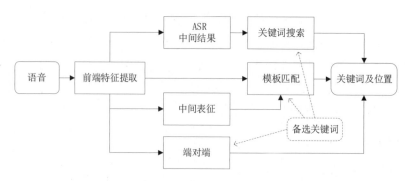

图 9.4　关键词识别技术主要实现方法的框架

9.3.2 基于 LVCSR 的 KWS 系统

我们在第 2 章介绍过，语音识别系统本身也有不同的实现方法，常见的结构包括 DNN-HMM 结构和端到端结构。选择不同的语音识别系统作为中间结果的提取器，后续的命令词识别设计随之也将略有不同。下面将介绍较为常用的两种模式。

1. 基于 DNN-HMM 的 KWS 系统

给定一个预训练好的 DNN-HMM ASR 系统及将要识别的关键词组。由于 DNN-HMM ASR 系统声学模型输出的基本单元并非字词，而是所有字词的基本组成单元（如 Senone），所以 ASR 系统的识别词表中事先可以不包括关键词，但基本音素必须可以合成关键词，这样可以将关键词新加入词表乃至语言模型，所以 DNN-HMM ASR 可以有效地解决集外词（Out Of Vocabulary，OOV）。将待检测语音输入 ASR 系统，我们可以获得不同的中间结果（包括最终结果）。

（1）最终识别结果

利用现成的 ASR 系统做关键词识别，最直接的方法便是从 ASR 系统的最终识别文本中进行检索，此时 ASR 系统的识别词表中包含关键词或已新入关键词。该方法适合关键词较多且经常变换的场景，比如客服电话中，通过快速分析客户语音，将不同客户分流到不同的业务部门或售后部门。该方法的劣势在于其性能极大地依赖于语音识别系统。

（2）词格（Word Lattice）

DNN-HMM ASR 系统的解码图本身就是包含词表中所有词的词格（考虑了语言模型）。给定语音，通过 ASR 解码，使用原有解码图，获得精炼了的 Lattice，即包括多条最可能的识别路径，然后通过直接比对的方式，在候选识别结果中查找关键词，该方法相对只搜索最终识别结果而言，部分地减轻了对语音识别的依赖。

我们还可以改造语言模型，比如将所有的词都独立成句，这样将有效降低语言模型的规模，加速解码；还可以使得在解码图中所有的关键词都有独立的路径，而所有的非关键词都共享一条路径（"垃圾"边）。改造语言模型的难点在于，无法合理设置剩余解码图中各个路径的权重，因为声学模型给出的各音素后验概率是浮动的，所以不能简单地将语言模型路径设置等权。

（3）音素特征（Phonetic Feature）

音素特征可以是声学模型的输出或隐含层输出，利用音素特征等价于将原始语音特征转换为另一种表征形式，后续可以使用模板匹配的方法，后面将会介绍。

直接改造语言模型是较为便捷的途径之一，也可以针对特定关键词重新训练声学模型，以使声学模型也更有针对性（趋近于下面讲的端到端 KWS），但这样便丧失了声学模型针对不同关键词的通用性。

2. 基于端到端 ASR 的 KWS 系统

相比于基于 DNN-HMM 的 KWS 系统，基于端到端 ASR 的方法在利用 ASR 最终输出结果或数条最优备选结果进行关键词检测的方法上与前者一致，只是端到端的中间输出有所不同，这取决于端到端 ASR 训练中选择的基本单元。如果端到端 ASR 的基本输出单元是词，那么此时要求 ASR 的识别词表中必须事先包含关键词，所以不利于 OOV 的扩展；如果端到端 ASR 的基本输出单元是音素，那么可以改造基于音素的语言模型，进行 OOV 扩展，也可以输出音素特征，用于原始语音特征的另一种表征形式。

基于 DNN-HMM 的 KWS，或者基于端到端 ASR 的 KWS，二者在方法上大体相同，所以如何选择，本质上在于 DNN-HMM 与端到端系统的比较。

9.3.3 基于示例的 KWS 系统

关键词识别最直观的方法就是将待检测语音与已知关键词语音进行模板匹配，相似度越高，则待检测语音是该关键词的概率越大，该类方法也叫示例查询（Query By Example，QBE）。

动态时间归整（Dynamic Time Warping，DTW）将待检测语音信号与已知关键词语音信号（或它们的声学特征）直接进行 DTW 比对。已知关键词通常有多条样本语音，即使如此，也远远无法满足多样性，所以该方法的鲁棒性不足，只适合某些固定场景。此外，语音的不定长问题也极大地影响了其性能。

词向量（Word Vector）、文档向量（Document Vector）、说话人向量（如 i-vector、d-vector、x-vector）等都是将对象表示为一个规定长度的向量，

9.3 实现方法

即将个体映射到一个规整的隐含空间中，方便相关计算，比如计算距离（对于相似度）。因此，可以将不定长度的待检测语音转换为另一种固定长度的表征形式，并将其与目标关键词的表征直接进行相似度计算（如余弦值）。通过将待检测语音分帧转换为另一种表征形式（比如上文提到的音素特征），直接进行 DTW 比对或其他比较也是可行的。

9.3.4 端到端的 KWS 系统

语音任务中，端到端的两端一般是指神经网络的两端，即给定输入，神经网络的输出即为目标结果。基于 DNN-HMM 的 KWS 系统中，我们可以改造语言模型，使得所有的关键词都有独立的路径，而所有的非关键词都共享一条路径（"垃圾"边）。类似地，我们也可以改造基本输出单元为词的端到端 ASR，即所有的关键词都有独立的输出节点，而所有的非关键词都共享一个输出节点（"垃圾"节点）。图 9.5 展示了端到端关键词识别的神经网络结构，是一个标准的分类器，其训练方式可以直接使用交叉熵（Cross Entropy）损失函数[104]。

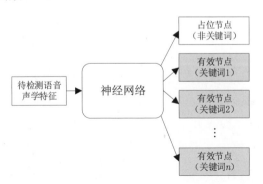

图 9.5 端到端关键词识别的神经网络结构

9.3.5 滑动窗口

考虑关键词识别系统持续不断地"吃"语音，不断地做出关键词判断，将关键词识别作为独立任务时，通常需要设计一个合理的语音操作窗口，每个窗口作为一个单元进行检索、比对，保证不漏检的同时尽量节省计算资源。滑动窗口机制可以简单设计为如图 9.6 所示的形式，其中包含一个无法覆盖的关键词语音，相邻的数个窗口之间可以并行计算，且窗口之间重叠部分的中间输出结果可以重复利用。

假设窗长为 window，窗口滑动步长为 step，某个命令词语音时长为 cmd，为了保证该命令词不会漏检，需要保证 step + cmd < window；而为了该词不被重检，则需要在检出一个关键词时，直接丢弃该窗口内的语音，不再参与下一次识别。

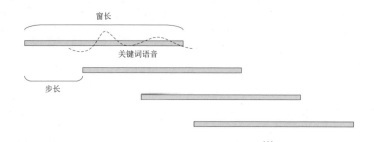

图 9.6　滑动窗口机制及一个无法覆盖的关键词语音

9.4 嵌入式应用

关键词识别系统的多数应用场景（如智能家居设备）只能提供有限的计算资源，这要求系统必须小（资源占用小、计算快）而精（性能好），此类模型在英文术语中被称作"Small-footprint"，承载这类模型的多为低资源（Low-resource）设备或实时操作系统（Real-time Operating System，RTOS），如移动手机、嵌入式设备、边缘计算设备等。图9.7展示了获得一个小而精的神经网络模型的不同方法，基于神经网络的关键词识别系统也可遵循此流程，下文将简述图中的各个方法。

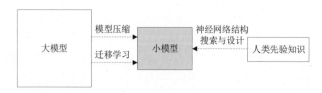

图 9.7　小而精的神经网络模型的获得方法（虚线表示方法可选）

9.4.1 模型压缩

一个大杯子装了半杯水，这些水完全可以腾挪到另一个更小的杯子中，两个杯子承载的水量未发生改变。一个大规模神经网络所学到的知识（一种复杂的映射能力）完全有可能由一个更小规模的神经网络掌握，二者所展现的能力也就无差别。深度学习领域的模型压缩（Model Compression）就是为了使得大者能够由更小者取代，其前提条件是，大者的"容量"必须是冗余的，即神经网络确实是过度参数化（Over-parameterization）的。考虑神经网络的基本组成单元：点、边，权重，子结构，模型压缩方法也将围绕这三者进行。

1. 点、边

可以根据每个节点、每条边的重要性采用末位淘汰制，进行网络修剪（Network Pruning），通常都采用三部曲的流程：训练大模型、网络修剪、网络微调（Fine-tuning）。点修剪是边修剪的一种特殊情况，即点相关的所有边都剪除了。网络修剪中最关键的是重要性指标的选取，比如损失函数对参数的海森矩阵（Hessian Matrix）[105, 106]。我们常用的一阶范数（L1-norm）、二阶范数（L2-norm，Weight Decay）正则化方法本质上都是限制权重的值，使其尽可能趋近于 0，从而自动学习到稀疏结构，然后可以将权重为 0 或极小的边直接剪掉，或者用于下一步的网络修剪。

彩票假设（The Lottery Ticket Hypothesis）[107] 针对网络修剪提出了一个观点：一个大网络随机初始化后就已经包含了一个可以匹配原始大模型性能的子网络，这个子网络就是中奖彩票（Winning Ticket）。这意味着在网络修剪中，结构的重要性大于权重，只要找到方法从随机初始化的大模型中找到"中奖彩票"，就可以直接跳过"训练大模型"的步骤。在参考资料 [107] 中就如何发现"中奖彩票"做了部分探索。

2. 权重

权重的等价存储或高效存储是模型压缩的重要手段。对权重的量化（Quantization）、二值化（Binarization）可以将原始网络中一个浮点数参数由更少的位数来表示，而不明显影响模型性能，也可以直接从头开始训练一个事先固定好参数位数的网络。

编码是数字存储中必须要考虑的问题，神经网络的所有权重就是一堆位置相关的数字，也直接决定着模型大小，对这些数字可以采用更加高效的组织形式或编码算法，如哈希桶（Hash Bucket）[108]、哈夫曼编码（Huffman Coding）[109] 等。

3. 子结构

卷积神经网络的卷积操作就使用了共享过滤器（及其参数）的机制；奇异值分解（Singular Value Decomposition，SVD）和低秩矩阵分解（Low-rank Matrix Factorization）等手段都是使得一个较大的权重矩阵可以由更小计算规模的矩阵表示；模型训练前便限制权重矩阵的格式，比如限制其为一个对称矩阵，缩减一半参数量；特定子结构的修剪，比如卷积神经网络以滤波器为单位进行修剪[110]。

9.4.2 迁移学习

模型压缩类似于师傅将功力直接灌输于徒弟（预训练），而使用迁移学习（Transfer Learning）的方法获得一个小网络，则类似于师傅带着徒弟学习（将一个网络的结构和参数用于另一个网络的初始化也属于迁移学习，但这样的迁移学习是同等规模的网络迁移）。图 9.8 展示了神经网络迁移学习的基本结构。

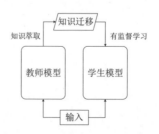

图 9.8　神经网络迁移学习的基本结构

迁移学习中一个重要的问题是如何显性表征教师模型的知识，或者是学生模型要学习的目标，其中一个常用的手段则是知识萃取（Knowledge Distillation）[111]。对于一个典型的深度神经网络分类器，其网络经过 Softmax 后的最终输出本身已是一种知识表征，但为了增加 Softmax 输出的"柔韧"度，可以引入一个可调系数，记为温度（沿用了能量模型中的相关概念），并

9.4 嵌入式应用

将知识拓展为暗知识（Dark Knowledge），该表征可以作为学生模型的学习目标。暗知识提取的基本流程如图9.9所示。

三人行，必有我师，老师有时候也可以向学生学习，作者团队曾经提出使用小规模模型（如前向神经网络）来预训练一个较大复杂度的模型（如循环神经网络），以使后者的起点更高，后续的再训练更加有效[66]。

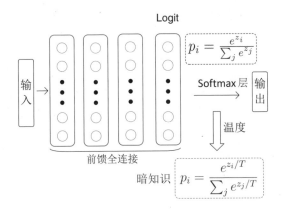

图 9.9　暗知识提取的基本流程

9.4.3 网络结构搜索与设计

我们在 9.4.1 节提到，在修剪一个模型时，结构的重要性大于权重，且在深度学习的相关任务中，网络结构也往往决定着模型的性能（所以很多深度学习工作者都是神经网络结构设计师）。此外，修剪出的小模型结构是杂乱无章的，找到它是一个搜索问题，所以，我们完全可以让机器自行进行神经网络结构搜索（Neural Architecture Search，NAS）[112]。NAS 是自动机器学习（Automated Machine Learning，AutoML）的一个步骤，本意是为了搜索更加高效的神经网络结构，而不限制于小规模。

NAS 是对神经网络超参数（Hyperparameter）（如深度、宽度、子结构等）的搜索求解过程，其求解空间是巨大的，需要的计算力和时间也是巨大的，本身也是一个学习难题，所以网络结构的另一个快速获取途径是人工设计，该方法能够更方便地将人类的先验知识和经验融入进去。常见的小而精的人工设计网络结构都基于卷积神经网络，包括 MobileNet[113, 114]、ShuffleNet[115, 116]、EfficientNet[117] 等。

9.5 小结

本章介绍了关键词识别的基本概念和评价指标，并对基本实现方法进行了介绍。物联网设备或移动设备中的语音唤醒系统多采用端到端神经网络方法或 QBE 方法，而对于关键词较多且经常变动的场景，则多采用基于 LVCSR 的方法或 QBE 方法，总体上，基于深度学习的关键词识别方法越来越普遍。由于关键词识别应用场景的限制，计算资源有限，所使用的模型需要小而精，本章最后也对如何获取小而精的深度神经网络模型进行了相关方法的讲解。

前沿课题

10. 说话人识别

by 李蓝天

10.1 什么是说话人识别

10.1.1 基本概念

"闻其声而知其人",人们通过听觉系统来感知辨别声音中的说话者身份,古已有之。而对机器而言,这种能力被称为说话人识别(Speaker Recognition),又称声纹识别(Voiceprint Recognition)。

与前文所述的语音识别不同,说话人识别并不考虑语音信号中的字词大意,它更关注于说话人信息,强调**个性**;而语音识别则更关注于语音信号中的言语内容,并不考虑说话人是谁,强调**共性**。通常将语音信号中所蕴含的、能表征说话人个性信息的语音特征称为声纹(Voiceprint)。声纹是一种行为特征,由于每个人在讲话时所使用的生理器官(如舌头、口腔、鼻腔、声带、肺等)在尺寸和形态等方面均有所不同,再考虑到年龄、性格、语言习惯等因素上的差异,可以说每个说话人的声纹都是独一无二的[118, 119]。说

10.1 什么是说话人识别

话人识别技术就是根据声纹的个体唯一性，自动识别说话者身份的技术，属于生物特征识别技术的一种。

说话人识别以语音信号为载体，与其他生物特征识别技术（如指纹识别、人脸识别、虹膜识别等）相比，具有以下特点：

（1）语音信号是唯一可双向传递信息的生物特征，既可接收信息，也可发出信息，使得说话人识别易于实现人机交互、体验自然。

（2）语音信号是一种非接触式信息载体，采集方便，使得说话人识别适用于非接触式的身份认证。

（3）语音信号是高可变性与唯一性的完美统一，同一说话人在不同时间、不同情绪下的语音是完全不同的，但其所蕴含的声纹信息却又是唯一确定的。声纹这种"蕴不变于万变中"的特性，使之难以伪造，具有"失声（音）不失身（份）"的能力。

正因如此，说话人识别受到了世人瞩目，有着广泛的应用场景。一个典型的场景是网络身份认证。随着网上支付、手机支付等成为现代人购物付款的主流方式，网络支付的身份认证变得愈发重要。通过将说话人识别技术加入网络支付中，借助其非接触式的优势可以有效提高远程身份认证的安全性。微信和支付宝也已上线基于说话人识别技术的登录方式。另一个应用场景是个性化语音服务。说话人识别技术可以支持智能音箱、智能语音助手等提供个性化服务，通过预先识别出一个家庭中的不同成员，可按照不同成员的兴趣推荐不同的歌曲、新闻，以及开放特定的功能权限等。

说话人识别根据识别任务的不同，可分为三类，如图 10.1 所示。

（1）**说话人辨认**（Speaker Identification） 是判定待识别语音属于目标集中哪一个说话人，是一个"多选一"的选择问题。从符号化的角度来说，给定一个语音片段 X，说话人辨认的目标是在说话人集合 S 中，找到使之似然概率最大的某一个说话人 s^*，即

$$s^* = \arg\max_{s \in S} P(s|X)$$

（2）**说话人确认**（Speaker Verification） 是确定待识别语音是否来自其所声称的目标说话人，是一个"一对一"的判决问题。从数学角度来说，说话人确认任务是一个二分类的假设检验。H_0 假设语音片段 X 来自说话人 s，

H_1 则假设语音片段 X 不来自说话人 s。因此，说话人确认的目标是比较两个假设的似然概率大小，即

$$\Lambda(X) = \frac{P(H_0|X)}{P(H_1|X)}$$

$\Lambda(X)$ 通常称为似然比（Likelihood Ratio）。这一比值越大，意味着 H_0 的可能性越大，X 属于 s 的可能性也越高。通过在 $\Lambda(X)$ 上设置一个合理的阈值，即可实现对 X 来自说话人 s 的判决。

（3）**说话人追踪**（Speaker Diarization）是以时间为索引，检测出每段语音所对应的说话人身份，其通常由说话人分割和聚类两步组成。

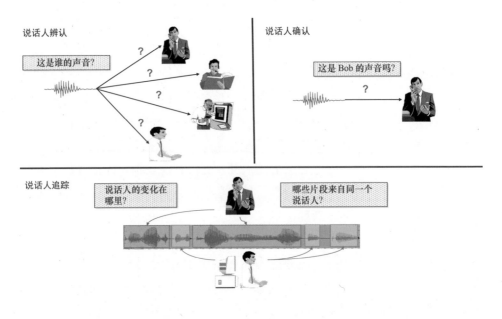

图 10.1 说话人识别任务分类[120]

此外，根据对发音文本的不同要求，说话人识别又可分为文本无关（Text-independent）和文本相关（Text-dependent）两类。所谓文本无关是指说话人识别系统对于语音文本内容无要求，即无论训练还是识别，用户均可随意说出一段有效语音足够长的话。对应地，文本相关是指说话人识别系统要求用户在训练和识别时，必须按照事先指定的文本内容进行发音。

10.1.2 技术难点

尽管说话人识别技术有着独特的先天优势与广泛的应用前景，但是其仍存在诸多的技术难点，主要体现在如下两点：

1. 信息干扰

语音信号是一个形式简单的一维信号，而其中却蕴含着丰富的信息，包括语言信息（如语音内容）、副语言信息（如音高、音量、语调等），以及非语言信息（如性别、年龄、健康状况、环境背景）等。而对于语音信号中的说话人信息，其并不是语音信号中的主要信息，在特征提取时极易受到其他信息的干扰。因此，从信息交织的语音信号中分离出简单、可靠的说话人特征极为困难。

2. 信号漂移

古希腊哲学家赫拉克利特认为世间万物都是流动的，每一件事物都在不断地变化，为此他阐述："人不能两次踏入同一条河流，因为无论是这条河还是这个人都已经不同"。语音信号很好地验证了这一观点。即便对于同一说话人和同一文本，语音信号也有很大的差异性。换言之，语音信号中的说话人特征（"声纹"）虽具有稳定性和唯一性，但其并非是固定不变的。说话人的声纹与说话人所处的环境、情绪、生理健康等有密切关系，而且会随着时间（年龄）的推移而发生改变（"漂移"），增加了说话人识别的不确定性。此外，语音信号在传输的过程中，受传输信道、编码格式的影响使之发生变异（"漂移"），这种变异也增加了说话人识别的不确定性。

总体来看，对说话人识别技术的研究基本是围绕上述两个难点展开的。

10.1.3 发展历史

以语音作为身份认证的手段，最早可追溯到 17 世纪 60 年代英国查尔斯一世之死的案件审判中。1945 年，Bell 实验室的 L. G. Kesta 等人借助肉眼观察，完成语谱图匹配，首次提出了"声纹"的概念；并随后在 1962 年第一次介绍了采用此方法进行说话人识别的可能性。随着研究手段和计算机技术的不断进步，说话人识别逐步由单纯的人耳听辨转向基于计算机的自动识别[121]。

说话人识别本质上是一类模式识别任务，大体上可以分为特征提取和建模识别两个部分。要想让计算机准确地完成自动说话人识别，不仅需要具有品种优良的特征，也需要具有鲁棒抗压的模型。因此，为了解决 10.1.2 节所提及的两个技术难点，说话人识别技术围绕在**特征域**和**模型域**上开展了一系列研究。图 10.2 分别从特征域和模型域两个角度总结了说话人识别技术的发展历史。后文将以此为线索，归纳说话人识别技术的主要方法。

图 10.2　说话人识别技术的发展历史

随着说话人识别技术受到越来越多的关注，国内外很多知名大学和研究机构都深入开展了说话人识别的研究工作。例如，美国国家标准与技术研究院（National Institute of Standards and Technology，NIST）定期举办说话人识别测评（Speaker Recognition Evaluation，SRE），跟进总结说话人识别领域的最新研究进展，并根据实际应用需求不断增加测评环境的复杂度，如考虑跨信道、跨语言、短语音等测试条件。此外，在 2019 年，英国牛津大学牵头举办了基于明星数据库 VoxCeleb 的说话人识别竞赛（VoxCeleb Speaker Recognition Challenge，VoxSRC），该竞赛更关注于当前说话人识别技术在噪声复杂、环境不受限等场景下的性能表现。这些测评和竞赛通常都会提供数据集甚至基线系统，初学者可以参照这些基线系统进行学习和实践。

当前可用于说话人识别研究的数据库有很多，包括 ELSDSR[122]、MIT Mobile[123]、Switchboard[124]、POLYCOST[125]、ICSI Meeting Corpus[126]、Forensic Comparison[127]、ANDOSL[128]、SITW[129]、NIST SRE[130]、VoxCeleb[131, 132]、CN-Celeb[133] 等。

10.2　基于知识驱动的特征设计

从模式识别的角度来看，如果能够找到一个简单有效的声纹特征，那么可以大大简化后端识别模型的复杂度，使得说话人识别系统具有更强的鲁棒

10.2 基于知识驱动的特征设计

性和可扩展性。从科学认知的角度来看,探究说话人特征提取与选择的过程将能够更好地帮助人们理解说话人信息是如何嵌入在语音信号中的。为此,研究者们最早从语音产生和语音感知等角度,参照人类听辨说话人的方式,致力于寻找可以描述说话人"基本特性"的特征,我们称这一研究领域为**基于知识驱动的特征设计**,如图 10.3 所示。

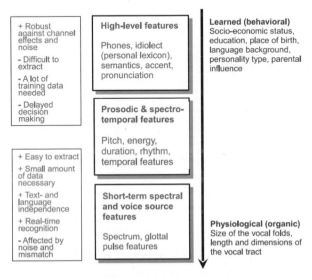

图 10.3 基于知识驱动的特征设计[134]

从语音产生和语音感知的过程来看,在讲话时,说话人的各种发音器官(如肺、喉和声道)通力协作,将描述说话人特性的信息编码在语音信号中;在听辨时,听音人的听觉器官(包括外耳、中耳和内耳等)分层解码语音信号中的各种信息,并将其传递给大脑,其过程如图 10.4 所示。为此,研究者们基于不同的发音机理与听觉机理,关注于不同的尺度单元,利用不同的变换工具得到了属性各异的特征。

总体上看,声纹特征包括短时频谱特征、声源特征、时序动态特征、韵律特征、语言学特征等。

(1)短时频谱特征:基于声道的共振规律和语音信号的短时平稳假设,对语音信号进行加窗、分帧、计算,得到每一帧语音的频谱特征。常见的短时频谱特征有语谱图(Spectrogram)、线性预测倒谱系数(LPCC)、梅尔频率倒谱系数(MFCC)、感知线性预测(PLP)等。

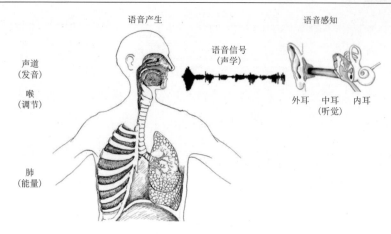

图 10.4　语音产生与语音感知[134]

（2）声源特征：声源特征描述了声门激励的特点，包括声门脉冲形状和基音频率（Fundamental Frequency, F0）等。研究者认为这些特征中携带了说话人相关的信息。常见的声源特征有线性预测分析、相位特征等。

（3）时序动态特征：时序动态特征所描述的是语音信号的动态特性，例如共振峰的变化、能量的调节等。常见的时序动态特征有短时频谱特征的一阶差分或二阶差分（Δ/ΔΔ）、其他长时动态特征等。

（4）韵律特征：与短时频谱特征不同，韵律是对语音段的描述，该语音段可以是音节、词、句子等。韵律描述的是语音信号中的音节重音、语调、语速和节奏等。常见的韵律特征有基音频率（F0）、时长信息等。

（5）语言学特征：每个说话人拥有其独特的发音词表和个人习语。这些高层特征通常作为辅助信息用于说话人识别中。常见的语言学特征有音素、词的分布规律等。

历经大浪淘沙，一些经典、常用的声纹特征逐渐浮出水面。Kaldi 中提供了一些经典的声纹特征提取方法，包括 Spectrogram（compute-spectrogram-feats）、FBanks（compute-fbank-feats）、MFCC（compute-mfcc-feats）、PLP（compute-plp-feats）、Pitch（compute-kaldi-pitch-feats）、Δ/ΔΔ（add-deltas）等。

以 Kaldi 中的 egs/voxceleb/v1/run.sh 为例，其提供了 MFCC 的提取过程，如图 10.5 所示。

10.3 基于线性高斯的统计模型

```
if [ $stage -le 1 ]; then
  # Make MFCCs and compute the energy-based VAD for each dataset
  for name in train voxceleb1 test; do
    steps/make_mfcc.sh --write-utt2num-frames true \
      --mfcc-config conf/mfcc.conf --nj 40 --cmd "$train_cmd" \
      data/${name} exp/make_mfcc $mfccdir
    utils/fix_data_dir.sh data/${name}
    sid/compute_vad_decision.sh --nj 40 --cmd "$train_cmd" \
      data/${name} exp/make_vad $vaddir
    utils/fix_data_dir.sh data/${name}
  done
fi
```

图 10.5　Kaldi egs/voxceleb/v1/run.sh 中的特征提取与预处理

10.3 基于线性高斯的统计模型

尽管基于"知识驱动的特征设计"在特定领域、特定数据库的说话人识别任务中取得了一定效果，但其普适性仍十分有限。例如，高层语言学特征很容易受发音人的情绪和场景的变化而发生改变；短时频谱特征中通常还包含信道、噪声、发音内容等复杂信息，引入了各种不确定性。因此，研究者陆续转战到识别模型上开展相关探索，尝试通过设计合理的识别模型来描述这些特征中的不确定性，从而得到说话人的统计特性，并基于这些统计特性完成说话人识别。

10.3.1 GMM-UBM

GMM-UBM（高斯混合模型-通用背景模型）是一个经典的说话人识别模型[135]。GMM 是由若干多维高斯密度函数经过线性加权组成的一个整体分布。通常，多个高斯概率分布的线性组合可逼近于任意的分布。因此，GMM 可相对准确地描述语音特征的分布情况。

基于 GMM-UBM 的说话人识别框架可分为三个部分[135]。

（1）利用来自不同说话人的大量语音数据建立一个相对稳定且与说话人特性无关的 GMM。该模型描述了不同说话人在声学空间中的共享特性，被称为通用背景模型（UBM）。该模型将整个声学空间划分成若干声学子空间（即若干 UBM 混合分量）；每个声学子空间是一个与说话人无关的高斯分布，粗略地代表了一个发音基元类。如图 10.6 中的蓝色实线所示。

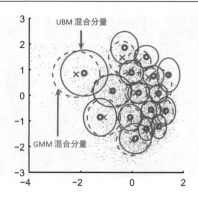

图 10.6　基于 MAP 的 GMM-UBM 模型[136]

（2）基于最大后验估计算法（MAP）[1]，利用说话人的语音数据在 UBM 上自适应得到该说话人的 GMM。该说话人的每个声学子空间（即一个 GMM 混合分量）由一个说话人相关的高斯分布所描述；而该说话人相关的高斯分布是由与其对应的说话人无关的高斯分布通过 MAP 自适应得到的。如图 10.6 中的红色虚线所示。

（3）在测试阶段，可以将计算待测试语音的声学特征在目标说话人模型（GMM）和通用背景模型（UBM）上的对数似然比作为系统的判决打分。

考虑到大多数情况下，我们只对每个高斯分量的均值向量进行自适应[135]，因此，事实上我们可以将 GMM-UBM 抽象成一个线性因子分解模型。语音信号 $x \in R^d$ 被分解成一个语言因子 $\mu_z \in R^d$ 和一个说话人因子 $w_z \in R^d$，其公式可表示如下：

$$x = \mu_z + Dw_z + \varepsilon_z \tag{10.1}$$

其中，z 是每个高斯分量的索引，其服从多项分布；D 是一个等距对角矩阵；语言因子 μ_z 对应的是 UBM 中第 z 个高斯分量的均值向量；$\mu_z + Dw_z$ 则是说话人 GMM 第 z 个高斯分量的均值向量；说话人因子 w_z 服从 $N(0, I)$ 的高斯分布；$\varepsilon_z \in R^d$ 是服从 $N(0, \sigma_z)$ 的残差。因此，GMM-UBM 的**本质**是基于最大似然（ML）准则的线性因子分解模型，其将语音信号分解成语言因子、说话人因子和残差因子，且不同因子符合高斯分布的假设。

Kaldi 提供了实现 GMM-UBM 的相关代码。

---

[1]具体推导可参考 3.1 节"基于 MAP 的自适应方法"。

10.3 基于线性高斯的统计模型

（1）以 Kaldi 中的 egs/voxceleb/v1 为例，我们展示一下训练对角和全角 UBM 的示例，如图 10.7 所示。

```
if [ $stage -le 2 ]; then
# Train the UBM.
sid/train_diag_ubm.sh --cmd "$train_cmd --mem 4G" \
  --nj 40 --num-threads 8 \
  data/train 2048 \
  exp/diag_ubm

sid/train_full_ubm.sh --cmd "$train_cmd --mem 25G" \
  --nj 40 --remove-low-count-gaussians false \
  data/train \
  exp/diag_ubm exp/full_ubm
fi
```

图 10.7　Kaldi egs/voxceleb/v1/run.sh 中的 UBM 模型训练

（2）以对角 UBM 的 MAP 为例，首先基于 gmm-global-acc-stats 计算对角 UBM 的统计量，然后通过修改 src/gmmbin/gmm-global-est.cc 实现 MAP 自适应（与之相关的还有 src/gmmbin/gmm-est-map.cc），如图 10.8 所示。

```
update_flags="mvw" # Which GMM parameters will be updated: subset of "mvw".
mean_tau= # Tau value for updating means "m". (float, default = 10)
feats="ark,s,cs:copy-feats scp:feats.scp ark:- |"
gmm-global-acc-stats --update-flags=$update_flags \
  exp/diag_ubm/final.dubm "$feats" exp/diag_ubm/acc.stats

gmm-global-est-map --update-flags=$update_flags --mean-tau=$mean_tau \
  exp/diag_ubm/final.dubm exp/diag_ubm/acc.stats exp/diag_ubm/final.dgmm
```

图 10.8　基于 Kaldi 的 MAP 自适应

注：对于 src/gmmbin/gmm-global-est.cc 的修改，只需将函数 MleDiagGmmUpdate () 对应替换为 MapDiagGmmUpdate () 即可。

（3）基于 gmm-global-get-frame-likes 分别计算每一帧声纹特征在 GMM 和 UBM 上的对数似然分，并通过求和、求平均得到句子级别的对数似然分；最后通过计算二者的差值得到系统的判决打分，如图 10.9 所示。

```
if [ ! -f $srcdir/final.ubm ]; then
  echo "$0: in $srcdir, expecting final.ubm to exist"
  exit 1;
fi
echo compute log-likelihood on full-GMM.
$cmd JOB=1:$nj $dir/log/full_gmm.JOB.log \
  fgmm-global-get-frame-likes --average=true \
  $srcdir/final.ubm "$feats" ark,t:$dir/full_gmm.JOB.foo
```

图 10.9　基于 Kaldi 计算 GMM 的对数似然分

10.3.2　因子分析

尽管 GMM-UBM 模型取得了不俗的效果，但是该模型仍存在一些不足。其中一个主要不足是在推理说话人统计特性时，每个高斯成分相对独立，不具有相关性，使得不同子空间之间无法实现信息共享。为此，在 GMM-UBM 的基础上，研究者们尝试将表征说话人特性的因子映射到一个低维子空间中。在这个子空间中，所有高斯成分由同一个高斯分布经过不同的线性映射生成，因而在不同高斯成分之间引入了相关性。其中，**联合因子分析**（**JFA**）是一个典型的识别模型[137]，如图 10.10 所示。该模型继承了 GMM-UBM 因子分解的建模思想，将语音空间分解成说话人子空间 S 和信道子空间 C，即

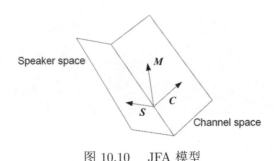

图 10.10　JFA 模型

$$M = S + C \tag{10.2}$$

其中，说话人子空间 S 是由语言因子 m、说话人因子 x 和残差因子 y 三个变量经过线性变化所产生的。x、y 服从 $N(\mathbf{0}, I)$ 的高斯分布，其公式可表

10.3 基于线性高斯的统计模型

示如下：

$$S = m + Vx + Dy \tag{10.3}$$

信道子空间则是由表征信道特性的信道因子 z 产生的，z 服从 $N(\mathbf{0}, \mathbf{I})$ 的高斯分布，其公式可表示如下：

$$C = Uz \tag{10.4}$$

显然，JFA 模型的本质是一个基于**线性高斯假设的因子分析**。在此基础上，语音信号 M 是由语言因子 m、说话人因子 x、残差因子 y 和信道因子 z 四个变量所表征的子空间经过线性变换所产生的。

Dehak 等人[138]进一步提出了 JFA 模型的简化表示 **i-vector** 模型，其公式可表示如下：

$$M = m + Tw \tag{10.5}$$

其中，w 服从 $N(\mathbf{0}, \mathbf{I})$ 的高斯分布。

与 JFA 不同的是，i-vector 将说话人子空间 S 和信道子空间 C 统一在一个全变量空间 T 中，采用单一的"全变量因子" w 同时描述说话人因子 x 和信道因子 z。显然，与 JFA 相比，i-vector 模型的训练复杂度更低，因子向量的推理过程更简单。同时需要注意的是，i-vector 中既包含说话人信息，也包含信道信息。因此，其通常依赖于后端区分性模型（如 WCCN、NAP、LDA、PLDA 等）来实现对说话人因子的"提纯"，进一步提高 i-vector 模型对说话人的区分能力。总而言之，i-vector 也是一个基于**线性、高斯假设的统计模型**。随后，研究者们又陆续提出了 DNN i-vector 模型[139, 140]。与 GMM i-vector 模型不同的是，DNN i-vector 采用基于深度神经网络训练的语音识别模型替换了基于最大期望（EM）算法训练的 GMM，以此获得更精确的语言因子，进而预测出更准确的说话人因子。二者之间的对比如图 10.11 所示。

总结一下，两者主要有三点不同。

（1）用于计算统计量的方法不同：GMM i-vector 是每一帧在每个高斯混合上的后验概率（Frame posteriors）；DNN i-vector 是每一帧经过语音识别的深度神经网络解码得到在每个音素（Senones）上的后验概率（Phone posteriors）。

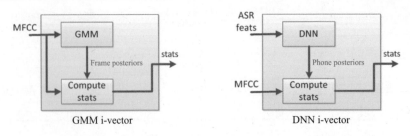

图 10.11　GMM i-vector 和 DNN i-vector 模型对比

（2）全变量空间 T 中每个子空间的意义不同：GMM i-vector 中，每个高斯混合代表一个发音子空间；DNN i-vector 中，DNN 的每个输出结点（Senones）代表一个音素子类。

（3）训练方式准则不同：GMM i-vector 是基于 E-M 算法的无监督学习；DNN i-vector 是基于 DNN 的区分性有监督学习。

上述这类模型大都是基于因子分析的方法，针对语音信号特性和说话人识别任务，预先定义了语音信号中各个因子变量之间的概率依附关系，进而统计得到用于描述说话人特性的因子。为了简化训练和推理的复杂度，这类统计模型大都需要服从线性、高斯的假设，为此我们称这类模型为**基于线性高斯的统计模型**。事实上，语音信号中各个变量因子之间的关系是错综复杂的。因此，这类统计模型难以准确地描述语音信号中各个因子之间复杂的相互关系，使得预测出的说话人因子仍存在很大的缺陷。

Kaldi 提供了 GMM i-vector 模型、DNN i-vector 模型及相关后端打分的代码实例，依次如图 10.12、图 10.13 和图 10.14 所示。

10.3 基于线性高斯的统计模型

```
# Train UBM and i-vector extractor.
sid/train_diag_ubm.sh --cmd "$train_cmd --mem 20G" \
    --nj 20 --num-threads 8 \
    data/train_16k $num_components \
    exp/diag_ubm_$num_components

sid/train_full_ubm.sh --nj 40 --remove-low-count-gaussians false \
    --cmd "$train_cmd --mem 25G" data/train_32k \
    exp/diag_ubm_$num_components exp/full_ubm_$num_components

sid/train_ivector_extractor.sh --cmd "$train_cmd --mem 35G" \
    --ivector-dim 600 \
    --num-iters 5 exp/full_ubm_$num_components/final.ubm data/train \
    exp/extractor

# Extract i-vectors.
sid/extract_ivectors.sh --cmd "$train_cmd --mem 6G" --nj 40 \
    exp/extractor data/sre10_train \
    exp/ivectors_sre10_train

sid/extract_ivectors.sh --cmd "$train_cmd --mem 6G" --nj 40 \
    exp/extractor data/sre10_test \
    exp/ivectors_sre10_test

sid/extract_ivectors.sh --cmd "$train_cmd --mem 6G" --nj 40 \
    exp/extractor data/sre \
    exp/ivectors_sre
```

图 10.12　Kaldi egs/sre10/v1/run.sh 中的 GMM i-vector 模型

```
# Initialize a full GMM from the DNN posteriors and speaker recognition
# features. This can be used both alone, as a UBM, or to initialize the
# i-vector extractor in a DNN-based system.
sid/init_full_ubm_from_dnn.sh --cmd "$train_cmd --mem 15G" \
    data/train_32k \
    data/train_dnn_32k $nnet exp/full_ubm

# Train an i-vector extractor based on the DNN-UBM.
sid/train_ivector_extractor_dnn.sh \
    --cmd "$train_cmd --mem 100G" --nnet-job-opt "--mem 4G" \
    --min-post 0.015 --ivector-dim 600 --num-iters 5 \
    exp/full_ubm/final.ubm $nnet \
    data/train \
    data/train_dnn \
    exp/extractor_dnn

# Extract i-vectors using the extractor with the DNN-UBM.
sid/extract_ivectors_dnn.sh \
    --cmd "$train_cmd --mem 15G" --nj 10 \
    exp/extractor_dnn \
    $nnet \
    data/sre10_train \
    data/sre10_train_dnn \
    exp/ivectors10_train_dnn
```

图 10.13　Kaldi egs/sre10/v2/run.sh 中的 DNN i-vector 模型

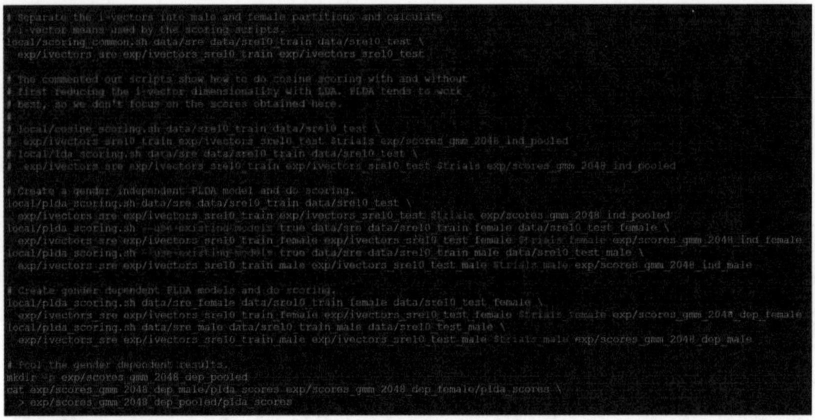

图 10.14　Kaldi egs/sre10/v1/run.sh 中的后端打分

10.4　基于数据驱动的特征学习

　　基于因子的分析方法和线性高斯假设的识别模型虽然在过去近三十年中取得了极大成功，然而，受信息干扰和信号漂移的制约，当前说话人识别的系统性能仍难言可靠。其中一个主要原因是这类方法基于原始特征（如 MFCC）和线性高斯模型（如 GMM-UBM，i-vector）。原始特征受各种非说话人因子的影响显著、变动性强；而线性高斯模型本身的先验假设过强，难以有效地描述这些变动性。为解决这一问题，一个可行的方向是寻找具有更强不变性的说话人特征，使得简单的线性高斯模型足以对其分布进行描述。对于传统的基于知识驱动的特征设计方法，其通常基于较强的先验知识，所设计得到的特征泛化能力不足。为此，研究者们陆续转战到**基于数据驱动的特征学习方法：给定特征的基本特性，基于任务目标自动地学习特征的具体形式**。这一特征学习方法可以避免人为设计的偏颇和疏漏，同时得到的特征具有更强的任务相关性。

　　基于数据驱动的特征学习需要一个合理的学习结构，这一结构应具有足够的灵活性，具有结合领域知识的能力，同时也应具有较高的学习效率。深度神经网络（DNN）是一个具有层次性结构的神经网络，其拥有足够强大的函数表达能力（与层数成指数关系），可针对领域知识设计各种灵活的网络结构，且具有高效的训练方法（如随机梯度下降 SGD 等）。特别是深度神经网络的层次结构，为特征学习提供了非常有效的载体。原始语音特征经

10.4 基于数据驱动的特征学习

过深度神经网络的层层处理，使与说话人相关的特征被增强、保留，而与说话人无关的特征被削弱、移除。

Variani 等人[141] 在 2014 年提出了基于深度神经网络的说话人特征学习，并用于文本相关的说话人识别中，如图 10.15 所示。该网络的输入是帧级别的原始语音特征，输出是训练集中的所有说话人。通过最大化区分训练集中的不同说话人，完成网络训练。当训练完成后，该网络即可实现从原始语音特征到说话人特征的逐层提取。随着层数的深入，与说话人无关的因素（如发音内容、信道等）被逐渐滤除、削弱；而与说话人相关的深度说话人特征愈发显著。在得到该特征后，采用合并平均的方式得到句子级别的表示（称为"d-vector"），然后便可以通过后端打分模型（如 LDA、PLDA 等）实现说话人识别。

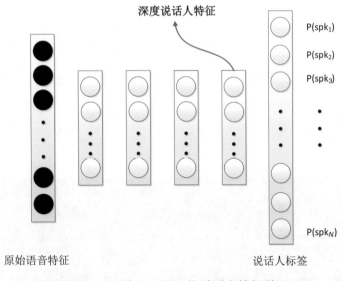

图 10.15 基于 DNN 的说话人特征学习

在 Variani 等人的研究基础上，研究者们又陆续开展了一系列说话人特征学习的方法研究，主要分为模型结构、训练策略、多任务学习三个研究方向。

10.4.1 模型结构

为了设计更合理的模型结构来实现说话人特征学习，研究者们尝试将"知识驱动"与"数据驱动"结合起来，在模型设计时尽可能地引入一些与语音信号相关的先验知识，使设计出的模型能够更好地从语音数据中学到更具有代表性的说话人特征。例如，Heigold 等人[142] 考虑到语音信号的时序性，提出了基于 LSTM 模型结构的说话人特征学习。Li 等人[143] 从语音信号的基本特性出发，针对语音信号的局部属性及动态属性，设计了一个包含卷积层和时延层的卷积-时延深度神经网络（CT-DNN），用于说话人特征学习。Snyder 等人[144] 在模型中增加了统计量提取层和池化层，将帧级别的说话人特征映射成段级别的说话人向量（称为"x-vector"），然后实现对不同说话人的区分性训练；该模型利用了说话人特征中的高阶统计信息，得到了更为稳定的说话人表征。Zhu 等人[145] 在已有 x-vector 模型的基础上，将自注意力机制（Self-Attention）引入模型中，使每一帧所携带的说话人区分性信息各有不同，由此得到的 x-vector 具有更强的说话人区分能力。此外，Ravanelli 等人[146] 尝试从原始语音信号出发，自动地学习说话人特征在不同频带上的表征规律，提出了 SincNet 的模型结构。

关于模型结构的改进，研究者开源了基于 Kaldi 的相关代码实例。例如，d-vector 模型可参考本书作者汤志远和李蓝天等人开源的相关实例。x-vector 模型可参考 Kaldi 的 egs/voxceleb/v2/run.sh 中的 x-vector 模型，如图 10.16 所示。

```
# Stages 6 through 8 are handled in run_xvector.sh
local/nnet3/xvector/run_xvector.sh --stage $stage --train-stage -1 \
  --data data/train_combined_no_sil --nnet-dir $nnet_dir \
  --egs-dir $nnet_dir/egs

if [ $stage -le 9 ]; then
  # Extract x-vectors for centering, LDA, and PLDA training.
  sid/nnet3/xvector/extract_xvectors.sh --cmd "$train_cmd --mem 4G" --nj 80 \
    $nnet_dir data/train \
    $nnet_dir/xvectors_train

  # Extract x-vectors used in the evaluation.
  sid/nnet3/xvector/extract_xvectors.sh --cmd "$train_cmd --mem 4G" --nj 40 \
    $nnet_dir data/voxceleb1_test \
    $nnet_dir/xvectors_voxceleb1_test
fi
```

图 10.16　Kaldi 的 egs/voxceleb/v2/run.sh 中的 x-vector 模型

10.4.2 训练策略

对于上述说话人特征学习模型，其训练目标是最大化区分不同说话人。显然，该模型只关注于说话人的类间离散度，而忽视了说话人的类内内聚性，使所学到的说话人特征存在类内发散的问题。为此，研究者们试图在尽可能保持基础模型结构不变的情况下，在网络训练过程中引入先验知识或者限制条件，进一步增强所学说话人特征的表征能力。例如，Li 等人[147] 发现基于 CT-DNN 模型所学到的说话人特征中仍隐藏着某些发音内容信息，而这些发音内容信息导致说话人特征的类内发散性。为了削弱发音内容信息对说话人特征的扰动，在 CT-DNN 模型中先验地引入音素信息，使说话人特征在学习过程中得到音素先验知识的补偿，以此解决因发音内容不同而导致的说话人特征发散的问题。此外，Li 等人[148, 149] 还分别提出了基于类中心趋近准则和高斯受限的训练方法，使得在保证最大化区分不同说话人的前提下，在模型训练中引入了对说话人类内方差的限制，进一步提升了所学说话人特征的表征能力。

10.4.3 多任务学习

当前对语音信息处理的研究在很大程度上是割裂的。对于某一特定领域的研究，通常只关注本领域所需的信息，而将其他信息视为噪声和干扰。对说话人识别而言，上述特征学习方法只关注于如何抽取与说话人相关的信息，而将发音内容等视为干扰信息。显然，这种"取其一而用之"的处理方式并不符合人类对语音信号的处理方式。人类对信息的处理方式是并行的、协同的，而不是独立的、割裂的。为此，研究者们提出了多任务学习方法，其目标是用一个统一的模型并行处理多个任务，而且不同任务之间通过知识共享使每个独立任务都能受益。例如，Liu 等人[150] 提出了基于信息共享结构的多任务学习，通过低层结构的知识共享，实现特定文本下的说话人特征学习，如图 10.17 (a) 所示。Tang 等人[151] 进一步分析了说话人信息和发音内容信息在语音信号中的协同关系，提出了基于信息协同结构的多任务学习，通过高层信息的即时反馈和共享，实现了说话人识别和语音识别任务的联合优化，使学习到的说话人特征具有更强的说话人表征能力，如图 10.17 (b) 所示。

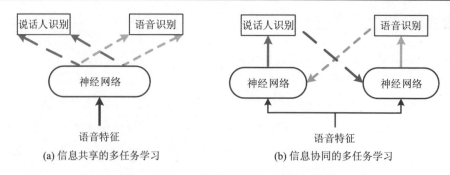

图 10.17　两种多任务学习的模型结构

10.5　基于端到端的识别模型

近年来,基于深度学习的说话人识别方法研究得到了广泛关注。除 10.4 节中的特征学习外,许多研究者还聚焦于**端到端识别模型**中。与特征学习不同的是,端到端的识别模型将前端的特征学习和后端的打分判决整合在一起(可视为一个"黑盒子"),针对说话人识别任务制定合理的目标函数,完成整个模型的联合优化。显然,两种深度学习方法具有截然不同的目标任务。特征学习以说话人特征学习为目标,而端到端学习则直接以说话人识别任务为目标。

对当前"端到端"的识别模型而言,虽模型结构各不相同,学习目标也有所差异,但整体上看主要包括两种识别模型,如图 10.18 所示。

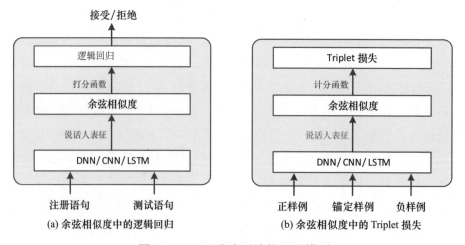

图 10.18　两种端到端的识别模型

10.5 基于端到端的识别模型

Heigold 等人[142] 基于图 10.18 (a) 的模型结构，在文本相关的说话人识别任务上开展了相关研究。首先通过长短时记忆循环神经网络（LSTM-RNN）来学习句子级的说话人表示，然后以逻辑回归（Logistic Regression）作为后端模型实现说话人识别打分判决。在此基础上，Zhang 等人[152] 将音素信息引入后端打分中，提出了一种基于音素相关-注意力机制的端到端模型；Wan 等人[153] 则提出了一个更为通用的训练准则，通过构造相对度矩阵选择出更合理的正负样例，进一步提升了模型的训练效率。Snyder 等人[154] 将该模型结构迁移到与文本无关的说话人识别中。实验表明，当训练数据量足够大（102 000 个说话人）时，其在文本无关任务上取得了比 i-vector 系统更好的结果。

Li 等人[143] 受 FaceNet[155] 的启发，在后端模型上采用 Triplet （三元组）损失替代逻辑回归，提出了图 10.18 (b) 的模型结构，并在与文本无关和与文本相关上验证了该模型的可行性。Ding 等人[156] 进一步融合了基于 Triplet（三元组）损失的端到端模型和 10.4 节中的特征学习模型，提出了基于 Triplet 的多任务学习，并在与文本无关的短语音说话人识别任务上取得了不俗的效果。

关于端到端的识别模型，研究者开源了基于 Kaldi 的相关代码实例，例如，Snyder 等人 [1] 开源了端到端的训练流程。

此外，为了更好地理解特征学习和"端到端"，我们从多个角度对比分析了两个方法的特点：

- **模型结构**："端到端"同时包含了说话人嵌入（前端）和打分判决（后端）两个部分，并且这两个部分是作为一个整体联合训练的。与之不同的是，特征学习仅是一个用于说话人特征学习的前端，其与后端的打分判决是完全分开的。
- **训练目标**："端到端"的训练目标是直接判决一对语音是来自同一个说话人还是不同说话人。反之，特征学习的训练目标是最大化区分训练集中的不同说话人。显然，"端到端"的训练目标与说话人识别任务更为一致。
- **训练策略**："端到端"采用成对训练（Pair-Wised Training）或者三元

---

[1] 参见 GitHub 账户 david-ryan-snyder 下 kaldi 项目的 xvector-sre10-10s 分支。

组损失（Triplet Loss）的策略，其对采样数据的数量和质量具有较强的依赖性。相反，特征学习采用基于独热编码（one-hot）的训练方式，每个样本在训练过程中都会受到整个网络的关注。因此，与"端到端"相比，特征学习的训练更为容易，且所需数据量和计算量相对更少。
- **泛化能力**："端到端"是完全面向任务的，因此其仅满足于说话人确认任务。然而，特征学习并不是针对某个具体任务的，其所学到的说话人特征可广泛应用于与说话人相关的各个任务中，如说话人分割、说话人聚类、说话人自适应等。因此，特征学习具有更好的泛化能力。

10.6 小结

本章首先简要介绍了说话人识别的基本概念及其所面临的技术难点；然后以说话人识别技术的发展历史为主线，归纳了说话人识别研究的四个重要技术路线，包括基于知识驱动的特征设计、基于线性高斯的统计模型、基于数据驱动的特征学习及基于端到端的识别模型。随着技术的发展与更迭，说话人识别技术取得了一系列成果与突破。当然，"路漫漫其修远"，仍有诸多技术难题没有从根本上得以解决，例如，如何寻找人类最基本的声纹特征；如何选择最合适的识别模型；如何解决语音合成、录音重放等攻击问题；如何处理"鸡尾酒舞会"（多说话人）场景，等等。众多的挑战，预示着说话人识别的研究之路还有很长。

11. 语种识别

by 王东

11.1 什么是语种识别

全世界共有近 7000 种语言[71]，再加上众多的地方方言和口音，人类语言是一个复杂的大家庭。语言学家和语音学家花费了很大力气对这些语言进行分类，并研究不同语言之间的差异和关联。人工智能研究者更关注如何对一句话中所用的语言做出自动判断，即语种识别任务（Spoken Language Recognition）[157]。语种识别有很多应用场景，一个典型的例子是在客服中心系统中，我们希望机器能自动判断出客户所用的语言，以便接通懂这门语言的人工服务员，或调用相应语言的语音识别引擎进行处理。另一个场景是在语音翻译系统中，语种识别可以帮助我们选择合适的语音识别引擎和机器翻译引擎，避免人工选择的麻烦。其他场景包括虚拟会议、音频资料检索、智能对话系统等。

与说话人识别类似，语种识别也分为**辨认**和**确认**两种任务。在辨认任务中，给定一段语音，系统需要从若干可能的语言中选择一种作为该段语音的语言；在确认任务中，给定一段语音，系统需要确认该段语音是否属于某种语言。在绝大部分应用场景中，辨认是主要任务，但确认可以用来判断集外语言，避免将集外语言作为集内语言进行处理。例如在一个语音对话系统中，当集内语言为汉语和英语，而用户所用的语言是日语时，如果单纯基于确认系统，这些日语语音很可能会被误认为汉语进行处理，从而导致严重错误。如果加入一个确认环节，则用户输入被确认为不在所支持的语言之列，则不会产生严重后果。

用稍微形式化的语言来说，给定一个语音片段 X，语言辨认任务的目的是在 L 种语言中找到一种语言 l^*，使得某一区分函数 $f(l^*|X)$ 最大化，即：

$$l^* = \mathop{\mathrm{argmax}}_{l} f(l|X),$$

其中区分函数 f 可能是与语种识别相关的任何函数。如果 f 为语言的后验概率 $p(l|X)$，并假设每种语言的先验概率相等，则上式等价于：

$$l^* = \mathop{\mathrm{argmax}}_{l} p(X|\lambda_l),$$

其中 λ_l 代表第 l 种语言的概率模型。

对于语言确认任务，我们需要比较 X 属于语言 l（记为 H_0）和 X 不属于语言 l（记为 H_1）这两种假设的概率大小，即：

$$r = \frac{p(X|H_0)}{p(X|H_1)} = \frac{p(X|\lambda_l)}{p(X|H_1)},$$

其中 $p(X|H_1)$ 包含各种可能的语言，通常称为**背景模型**。上式中的 r 是 H_0 和 H_1 两种假设所对应的似然函数（可认为是每种假设所对应的证据（Evidence））的比值，通常称为似然函数比（Likelihood Ratio）。这一比值越大，则意味着 H_0 的可能性越大，X 属于 l 的可能性也越高。通过在 r 上设置一个合理的阈值，即可实现对 X 是否属于语言 l 这一确认任务的判决。

受全球经济和文化国际化大趋势的影响，近年来语种识别越来越受到重视。美国国家标准与技术研究院（NIST）自 1996 年以来举行了 8 次语种识别的测评。目前该测评的频度是两年一次。另一个著名的语种识别测评是东方语种识别任务（Oriental Language Recognition, OLR），由清华大学和海天瑞声于 2016 年发起，每年一届（官网为 http://olr.cslt.org）。最新一届

OLR 竞赛（OLR 2019）包含短语音识别、跨信道识别、零资源语言识别等三项任务，极具挑战性和现实意义。同时，OLR 竞赛的组织者提供基线系统源码和免费数据集，供初学者参考和实践。目前，OLR 数据集已经成为语种识别领域应用最广的标准数据集之一[158, 159, 160, 161]。

值得说明的是，语种识别和说话人识别具有很强的相似性。这是因为语言和说话人特性都是长时属性，两者都需要考虑发音序列信息，处理不定长语音片段。因此，说话人识别中的很多技术都可以应用到语种识别中。另一方面，语种识别与说话人识别又具有明显区别，最主要的一个区别是语种识别和发音内容直接相关，因此基于发音内容建模会显著提高识别性能。对说话人识别来说，发音内容是一项干扰信息，需要在建模时进行剔除。这意味着发音内容对语种识别和说话人识别都很重要，但二者的贡献方式有显著区别。

11.2 语言的区分性特征

要实现语种识别，首先需要确定不同语言之间的差异究竟在哪里。研究者对此进行了深入探讨[162]，结论是语言之间的差异可能体现在发音方式、发音单元集、组词方式、语调和韵律、语法和语义等多个层次，而不同语言对儿（Language Pair）之间的差异与具体语言相关。有意思的是，人类具有对语言的天然感知能力：将某一测试者置于一个多语言环境中，即使该测试者对这些语言一窍不通，他也能很快总结出不同语言之间的差别，实现很好的语言判断[163]。进一步研究表明，人类测试者善于抓住发音中一些局部、细节的显著信息，基于此实现对语言的判断[162]。这些信息包括如下内容：

1. 重音模式

如英语具有单词内重读音节，而汉语则不存在词层次的重音，其句子层次的重音一般代表某种语义信息，如强调、肯定等。

2. 音素时长

如英语中 *bee* 和 *be* 中的元音 *i* 具有不同时长，代表不同单词，而汉语音素时长不具有词义上的区分性。

3. 鼻化元音

元音鼻化是一种常见的语音学现象，在很多语言和地方方言中存在，只是表现方式和表达内容有所差异,如法语中的鼻化元音具有明显的语义信息。

4. 音调信息

如汉语是带声调的语言,其音调具有语义信息,而很多语言中的音调不具有语义信息。

5. 音节结构

如音节中辅音和元音的组成方式(汉语中的辅音-元音结构,英语中的辅音-元音-辅音结构),音节的长度等。

6. 特殊发音

如德语和俄语中的颤音,印度英语中的辅音浊化等。

7. 重复发音

如汉语中有"嗯嗯",英语中有"no no"这种常见重复结构。

8. 高频常见词

如汉语里的"了""的",英语里的"the""is"都是具有代表性的高频词。

9. 语速和语调

不同语言的语速和语调有明显差别。有研究表明,在各种主流语言中,日语的音节速度是最快的,达到每秒 7.84 个音节,汉语的速度要低得多,每秒只用 5.18 个音节。从音调上,汉语具有四声音调,而日语只有高低调,呈现"单峰规律";从整句上看,日语可以借助句末助词表达语义,因此整句语调所起的作用也与汉语不同。

对计算机而言,同样可以利用上述区分性信息进行语言判断。一般来说,越是高层信息对语言的区分能力越强,如常见词。然而,这些高层信息提取起来比较困难,在短时语音片段中出现与否不能保证,因此难以作为通用区分性特征。现有语种识别系统多基于两种区分性信息进行建模:短时语音特征和发音单元序列。前者提取底层声学特征(如 MFCC),并在此基础上建立连续特征统计模型(如 GMM 或 SVM),后者将语音片段映射为发音单元序列,并建立离散特征统计模型(如 N 元文法(N-gram)或向量空间模型（Vector Space Model, VSM））。这些方法统称为**统计模型方法**。近年来，基于深度神经网络（Deep Neural Net, DNN）的**深度学习方法**在语种识别中得到广泛应用。在这些系统中，特征提取和语言分类由一个神经网络统一完成，因此也被称为**端到端系统**。本章将依次讨论统计模型方法和深度学习方法。

11.3 统计模型方法

统计模型方法包括特征提取和统计建模两个步骤，如图 11.1 所示。其中特征提取的目的是得到对语言具有区分能力的特征向量，而统计建模的目的是对特征向量的分布特性进行描述。我们知道，高级语言特征很难获得，因此大多数语种识别系统基于短时声学特征或发音单元序列。这些特征区分性不高，但计算相对简单，可扩展性较好。

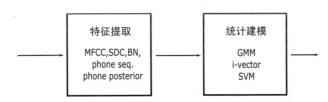

图 11.1　基于统计模型的语种识别方法框架图

11.3.1 基于声学特征的识别方法

语音信号处理中常用的声学特征包括线性预测系数（LPC）、Mel 倒谱系数（MFCC）、感知线性预测系数（PLP）等[164, 165, 166]。这些特征通过合理的统计建模，可以对语种产生较好的区分性。另外，考虑到发音的动态性，对这些特征的动态变化进行建模通常会提高系统性能。一种简单的方法是提取基础特征的一阶或二阶差分，或更长时差分信息，如位移的倒谱系数（Shifted Delta Cepstrum, SDC）[167]。一些标准特征预处理方法对语种识别也会有所帮助，如用来去卷积噪声的倒谱域正规化（Cepstral Mean Normalization, CMN）、去说话人影响的声道长度规整（Vocal Tract Length Normalization, VTLN）、对分布特性进行调整的特征高斯化（Gaussianization），以及提高特征鲁棒性的 RASTA 滤波等[166]。

上述这些声学特征都是短时特征，单一语音帧里包含的语种信息有限，且和发音内容、说话人等信息混杂在一起，因而不足以用来区分语言。然而，当大量声学特征累积起来，其统计量是具有语言区分信息的。因此，可以对每种语言 l 建立一个统计模型 λ_l 来描述该种语言的生成概率 $p(\boldsymbol{X}|\lambda_l)$，其中 $\boldsymbol{X}$ 为语音片段对应的声学特征。有了这一统计模型，即可基于上一节讨论的判别准则来完成语言辨认或确认任务。我们将介绍几种典型的统计建模方法。

1. GMM

在 2.2 节我们介绍过 GMM 在声学模型中的应用，在语种识别应用中，GMM 用于早期的 LID 任务[165, 168]。这一模型假设每一种语言的声学特征由一个 GMM 生成，给定一段待识别语音，只要找到输出这段语音概率最大的 GMM，即可得到语言判决。训练 GMM 模型非常简单，只要收集每种语言所对应的特征向量集，再基于 EM 算法即可学习并得到每种语言对应的 GMM。为了提高性能，通常用多个语言的特征向量集共同训练一个通用背景模型（UBM），再基于后验概率最大化（MAP）准则由 UBM 自适应出每种语言的 GMM，这一方法通常称为 GMM-UBM 模型[135]。值得说明的是，语种识别中的 GMM-UBM 模型不仅需要描述不同语言在发音上的差异，还需要描述在不同发音上的频次，因此不同语言不仅需要有独立的高斯成分，同时在不同成分上的权重也各有不同。这意味着从 UBM 自适应到不同语言的 GMM 时，各个高斯成分的所有参数都需要更新。这和我们在说话人识别中的 GMM-UBM 不同：在说话人识别中，我们一般假设不同人说的是同一种语言，因此一般只更新高斯成分的均值。此外，研究者发现基于区分性准则的训练可以进一步提高 GMM 模型的语种区分能力。常用的区分性准则为互信息熵（Mutual Information）[169]。

2. i-vector 模型

在 GMM 模型中，每种语言的 GMM 参数包括各个高斯成分的均值、方差和权重。为保证模型具有足够的表征性，我们往往需要将高斯成分的数量设得足够大（如 2048）。这意味着每一种语言是由一个极高维度的向量决定的，因此是一个高维模型（即语言信息保存在高维空间中）。这一高维特性不仅需要更多的训练数据，而且不能描述各个高斯成分之间的相关性。为

11.3 统计模型方法

解决这一问题，研究者提出子空间方法，将不同语言间的差异归纳到一个子空间中。i-vector 模型是最成功的子空间模型[170, 171]。这一模型用一个线性 GMM 将不定长的语音特征向量序列归纳到一个低维连续向量中，这一向量包含了该段语音信号的各种长时特性，通常称为该语音片段的**嵌入向量**。在说话人识别中，我们已经看到基于 i-vector 的向量，可以利用简单的 cosine 打分或一个后端模型（如 PLDA）实现说话人确认和辨认。同样的技术可以应用在语种识别中，只需要将后端模型的训练准则调整为区分语言，而非区分说话人。常用的区分性模型包括 Logistic 回归（Logistic Regression）和支持向量机（SVM）。

3. 非概率模型

GMM 和 i-vector 模型都是概率模型，用以描述特征向量的分布。事实上，区分性模型（如 SVM）也可以直接对底层声学特征建模。不同的是，这些模型的目的是直接学习不同语言之间的分类面，而非描述特征的分布规律。对 SVM 来说，对底层声学特征直接建模需要解决的一个关键问题是如何计算不定长的特征序列的相似度[172]。研究者设计了若干序列核函数来解决这一问题，例如广义线性区分序列（Generalized Linear Discriminative Sequence，GLDS）核函数[173]。这一函数将一个序列中的每个样本点都映射到一个多项式空间，并在该空间中对所有样本点取均值，由此得到不定长序列的定长表达并计算相似度。

11.3.2 基于发音单元的语种识别方法

基于底层声学特征的统计建模有两个明显缺点，一是声学特征过于原始，语言相关信息不足，二是对语言中的时序信息的建模能力不强。为解决这些问题，研究者提出基于发音单元的语种识别方法。这一方法将语音信号解码成发音单元的序列，并对这些序列进行时序建模，从而提高对语言信息的提取能力和描述能力。这一方法包含两个主要步骤：发音单元提取（一般称为 Tokenization）和时序建模。我们将讨论几种典型的发音单元提取和建模方法。

1. 基于 GMM 的发音单元提取与建模

该方法在早期研究中利用 GMM 模型对语音信号进行 Tokenization[174, 175]，具体做法是首先利用一种或多种语言的声学特征训练一个 GMM 模型，将该模型中的每个高斯成分视为一个发音单元。然后基于这一 GMM 模型对所有训练语音进行帧级别的解码，输出每一帧对应的具有最大概率的高斯成分的标号，从而得到每一段语音对应的发音单元序列，其中发音单元集即 GMM 中高斯成分的标号。基于单元化后的语音数据即可为每种语言训练一个以高斯成分标号为词典的 N-gram 语言模型。在识别时，对待识别语音信号做同样的 Tokenization 处理，并将得到的发音单元序列输入至每个语言对应的 N-gram 模型进行打分，得分最多的模型对应的语言即为识别结果。为了提高识别性能，可将所有语言对应的分数作为向量输入一个后端分类器。这一分类器可以是帧级别的，也可以是句子级别的。常用的分类器包括 GMM（一般用于帧级别区分性建模）、SVM 和神经网络（一般用于句子级别区分性建模）。基于 GMM 的发音单元提取与 N-gram 建模如图 11.2 所示。

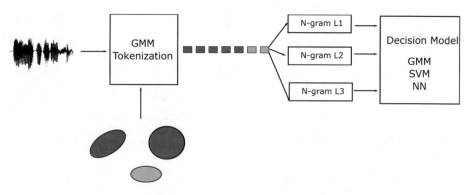

图 11.2　基于 GMM 的发音单元提取与 N-gram 建模

2. 基于音素的发音单元提取与建模

基于 GMM 的发音单元提取方法仅利用了声学信息。为利用更高层的词法信息，可将音素作为发音单元进行建模。这一方法需要利用一个音素级别的语音识别器对语音信号进行解码，将其转化成音素序列，并建立相应的音素级 N-gram 语言模型。这一方法称为音素识别加语言模型方法（Phone Recognition followed by language modeling, PRLM）[176, 177]。与 GMM 系统相比，PRLM 在音素上建模，可以有效利用语言的高层信息；同时，音素

11.3 统计模型方法

解码器本身可以利用大量标注数据进行训练，相当于将更多的语言信息引入语种识别中来。图 11.3 展示了一个基于音素与 N-gram 模型的 PRLM 方法典型流程。PRLM 可以有很多变种。例如，可以基于多个语言的音素识别器对输入语音进行同时解码，称为并行 PRLM（Parallel PRLM，PPRLM）系统[169]。也可以基于更高层次的发音单元，如音节和单词进行解码[178, 179]，从而利用更高层次的语言信息。

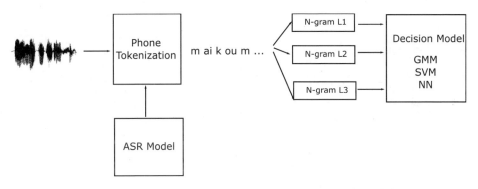

图 11.3 基于音素与 N-gram 模型的 PRLM 方法典型流程

PRLM 多利用 N-gram 语音模型对音素序列进行打分，再基于该打分得到识别结果。事实上，也可以利用其他模型进行语言判断。例如，音素识别加支持向量机（PRSVM）方法首先将音素串映射为所有 N-gram 上的频率向量，该向量的每一维代表该音素串在对应 N-gram 上的出现频率。基于这一频率向量构造 SVM 核函数，即可建立基于 SVM 的音素序列分类模型[180]。

3. 基于声学发音单元的提取与建模 PRLM

该方法需要利用一个语音识别系统对语音信号进行解码，而语音识别器的训练需要特定语言的标注数据，人工成本较高。另外，当语音识别器的训练数据和语种识别的应用领域不匹配时，音素解码通常会出现较大误差。这里推荐的解决方案是从语音数据中无监督地学习出典型的发音模式（即典型发音片段），并以这些发音模型作为发音单元进行建模。这些发音模式和音素类似，都代表一定的发音结构，只不过是从语音数据中自动学习出来的，没有借助任何语言学知识，因此称为声学单元（Acoustic Unit）[181, 182]。值得注意的是，这些自动学习出来的声学单元与数据具有直接相关性。这一相关性的优点是与语种识别任务联系紧密，劣势在于领域泛化能力较弱。

基于声学单元可以对训练和测试语音进行 Tokenization，并采用与 PRLM 中类似的方法进行建模。例如，Li 等人提出的向量空间模型（Vector Space Model，VSM）基于 SVM 建模[183]：将每种语言的所有句子映射为一个 N-gram 频度向量，在测试时将测试语句同样映射为 N-gram 频度向量，并建立 SVM 模型对该频度向量进行分类。

11.4 深度学习方法

2011 年以来，深度神经网络在语音识别领域取得了巨大成功，一些研究者开始将深度学习方法引入语种识别任务中。这些研究可分为三种：（1）基于 DNN 的统计模型方法；（2）基于 DNN 的端到端建模；（3）基于 DNN 的语言嵌入。

11.4.1 基于 DNN 的统计模型方法

DNN 具有强大的特征提取能力。对于一个以音素分类为目标的 DNN，越靠近分类层，得到的特征对发音内容的代表性越强，受噪声或信道的干扰越小。特别是，这种 DNN 网络可以输入长时语音片段，从而更好地利用上下文能力。因此，利用 DNN 提取出的抽象特征比底层声学特征具有更强的鲁棒性和发音表征性。利用这一特性，Song 等人[184] 提出将音素区分网络的最后一层作为特征（称为 BottleNeck（BN）特征）来构建 i-vector 语种识别模型，如图 11.4 所示，取得了不错的效果。

另一种基于 DNN 进行统计建模的方法是利用 DNN 提取语音特征的统计量，构造 DNN i-vector 模型[185]，如图 11.5 所示。传统 i-vector 方法利用一个 UBM 模型生成若干高斯成分，再利用贝叶斯公式计算每一帧语音特征在各个高斯成分上的后验概率。基于这一后验概率，即可统计一段语音特征的零阶和一阶统计量，并基于此训练 i-vector 系统。DNN i-vector 方法用 DNN 代替 UBM，用音素（准确地说，是聚类后的上下文相关音素，即 Senone）代替 UBM 中的高斯成分。由于 DNN 的前向过程可以直接计算每一帧特征对每个音素的后验概率，所以很容易得到一段语音的相应统计量并训练 i-vector 模型。与 UBM i-vector 相比，DNN i-vector 利用了音素这

11.4 深度学习方法

一语言单元，同时可以利用区分性训练提高后验概率计算的鲁棒性。Ferrer 等人的实验表明，当 DNN 训练数据与 i-vector 训练/识别数据较为一致时，DNN i-vector 系统可以在语种识别任务上超过 UBM i-vector 系统；如果出现数据不匹配的情况，则 DNN i-vector 系统很难取得较好性能。

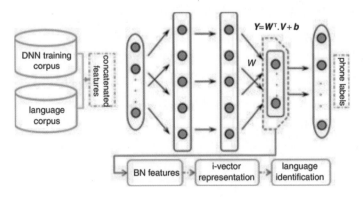

图 11.4　基于音素 DNN 的 BN 特征构造的 i-vector 模型[184]

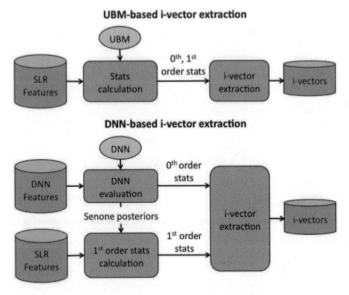

图 11.5　DNN i-vector 模型[185]

11.4.2 基于 DNN 的端到端建模

作为一种区分性建模方法，DNN 可以直接对输入的语音特征进行语种分类，即端到端方法。最简单的方法是对语音进行帧级别的分类，分类目标包括所有可能的语言候选。Lopez-Moreno 等人[186] 率先验证了这一帧级别语种识别的可行性，如图 11.6 所示。在这一系统中，输入为 39 维 PLP 特征，输出为所有候选语言加上一个集外（Out-Of-Set，OOS）语言。训练完成后，对一个语音片段的每一帧做前向计算，并对 Softmax 之前的输出（称为 logit）在所有帧上做平均，再经过 Softmax 即可得到句子级的后验概率。实验表明当训练数据较为充分时，这一 DNN 方法可以得到比 i-vector 更好的性能。基于类似的思路，Tkachenko 等人和 Garciaromero 等人利用 TDNN 结构实现了对上下文信息的更有效建模[187, 188]。

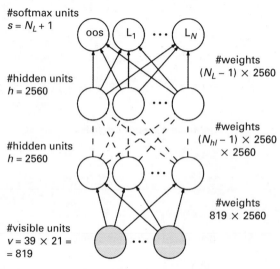

图 11.6　基于 DNN 的帧级别语种分类[186]

上述 DNN 方法需要对帧级别的识别结果进行累积以得到句子级别的识别，这一累积过程基于简单的 logit 平均，可能会带来性能损失。研究者提出端到端学习方法，利用神经网络对整段语音进行处理，直接得到句子级的语言判断。Lozanodiez 等人[189] 提出一种基于 CNN 的端到端语种识别系统，如图 11.7 所示。在这一系统中，输入为一整段语音，经过若干卷积与池化，最后通过一个 Softmax 层得到语种判别。Lozanodiez 等人的实验表明，这一方法在 3 s 短语音识别任务上可以得到较好的性能。

RNN 是另一种常用的端到端学习结构。与 CNN 基于池化层累积统计量不同，RNN 基于记忆结构实现统计量的累积。在标准 RNN 中，这一记

11.4 深度学习方法

忆结构通过在隐藏节点中引入前一时刻的状态（隐藏节点或输出节点的激发值）来实现附加输入。更复杂的记忆结构可以通过长短时记忆单元（Long Short-Term Memory，LSTM）来实现。LSTM通过对信息流引入若干可学习的门结构，实现对输入和输出信息的筛选和状态的合理更新。GRU（Gated Recurrent Unit）可以认为是一种简化的LSTM，计算相对简单。以LSTM或GRU为记忆单元设计的RNN可实现对长时序列的较好建模。基于RNN，我们可以将一个语音片段信息逐帧压缩，直至最后一帧结束，得到整个片段的定长表征向量。在具体实践中，通常将不同时刻的输出做平均得到表征向量。Gonzalez-Dominguez等人首先利用LSTM-RNN代替全连接网络实现帧级别的建模[190]。Trong等人[191]细致研究了各种RNN结构，得到了不错的结果。图11.8给出了基于RNN的端到端语种识别结构，左图是模型总体框架，右图是RNN层中的LSTM节点。

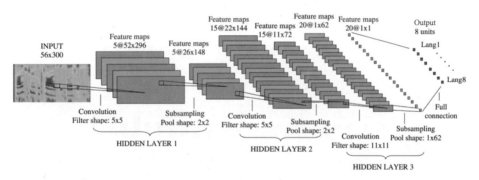

图 11.7　基于CNN的端到端语种识别[189]

另外一种端到端学习结构是基于注意力机制（Attention Mechanism）的RNN模型[192]。如图11.9所示，每一种语言由一个固定长度的向量表示，这些向量存储在一个模式矩阵中（language content embedding）。对于每一帧测试语音，都需要计算该帧与各个语言向量的距离，基于该距离对所有语音帧进行加权平均，并通过一个全连接网络得到语言判断。这一方法可以认为是前述RNN方法的改进，利用注意力机制得到的距离对语音帧进行加权平均，而非标准RNN方法中的等值平均。

下面我们进一步延伸到PTN模型与多任务学习方法。发音内容对语种识别至关重要，不论是早期的PRLM模型，还是基于音素BottleNeck特征

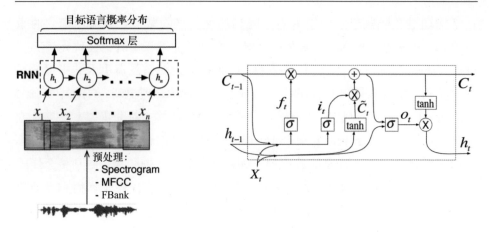

图 11.8　基于 RNN 的端到端语种识别结构[191]

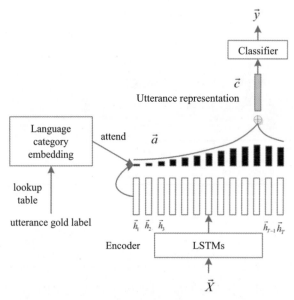

图 11.9　基于注意力机制的 RNN 模型[192]

的 i-vector 模型，都显式利用了发音内容信息。特别是，这一信息是通过一个独立的语音识别器获得的，这意味着我们在语种识别时利用了固化在语音识别系统中的由额外数据提供的语音和语言信息。这一信息可以帮助我们区分不同发音，对抗噪声等各种干扰，甚至引入语言本身的时序约束（例如，当识别器基于 CTC 训练或利用大规模语言模型进行解码时）。

11.4 深度学习方法

前面讨论的基于 DNN 的端到端建模方法试图从原始语音信号中直接学习出对语言的区分函数，事实上没有利用上述语言信息。Tang[193] 等人提出了一种音素时序神经模型（Phonetic Temporal Neural Net，PTN），借用语音识别中的音素区分网络生成音素的后验概率，再对这一后验概率进行 RNN 建模，如图 11.10 所示。PTN 可以类比于 PRLM，不同的是 PRLM 利用音素识别器将语音片段转化为音素串，而 PTN 将其转化为音素后验概率的向量序列，不仅时序解析度更高，而且包含的音素信息更加丰富。另一方面，PRLM 中的语音模型基于离散序列的 N-gram 模型，而 PTN 中的语音模型是连续序列上的神经语言模型（Neural LM）[194]，可以实现更复杂的时序建模。Tang 等人的实验表明，PTN 性能远好于端到端神经模型。

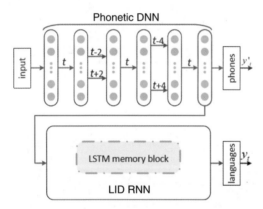

图 11.10　基于 PTN 的语种识别模型[193]

PTN 模型取得成功的另一个原因是利用了多任务信息。我们知道语音信号中包含各种复杂信息，这些信息以我们还未知的方式混合在一起，使得任何一种信息的解码都非常困难。对语种识别来说，环境、信道、说话人特性、说话方式等都会显著增加同一语言内部的变动性，降低不同语言之间的可区分性。幸运的是，语言与发音内容直接相关，只要发音内容识别准确，语言判断的难度就会显著下降。PTN（包括 PRLM 和 BN i-vector）利用了这一原则，通过大规模数据训练的音素区分网络来显著降低与语言无关的干扰因素的影响。

PTN 模型利用了语音识别和语种识别之间的相关性，是一种典型的多任务学习模型，这一学习的基本思路是利用相关任务帮助目标任务学习更有代表性和区分性的特征。另一种多任务学习方式是对看似互斥的任务进行联合学习。例如语种识别和说话人识别，两者的特征是互斥的：语种识别需要更强的发音内容特征，因此说话人信息会带来干扰；反之，说话人识别需要更强的说话人特征，发音内容会成为干扰。Tang 和 Li 等人提出了一种协同学习方法[151, 195]，利用两个互斥任务提取各自的特征，并将各自特征反馈给对方作为附加信息进行更有效的学习。图 11.11 展示了语种识别与说话人识别协同学习的网络结构。实验表明，这一协同学习可以一致性地提高语种识别和说话人识别的性能。

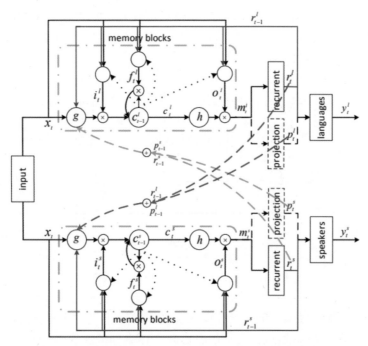

图 11.11　语种识别与说话人识别协同学习的网络结构[195]

11.4.3　基于 DNN 的语言嵌入

I-vector 模型的提出带来一个非常重要的概念：目标嵌入（Object Embedding），即将复杂的对象"嵌入"一个低维连续的度量空间，在该空间中被嵌入对象具有一定的距离或分布属性。对 i-vector 来说，这一嵌入过程事实上利用了一个线性混合高斯模型将一段语音表达为一个表征该语音长时属性的后验概率，从而去除短时发音内容信息，从而得到句子级别的统计特

11.4 深度学习方法

征。值得说明的是，因为 i-vector 中包含了各种信息，因此需要一个后端模型实现对目标任务的区分性建模。

基于深度神经网络可以实现更有针对性的区分性目标嵌入。在这一模型中，我们利用神经网络将一段语音映射为一个固定维度的嵌入向量，使得这一向量对目标任务（即语种识别）的区分性最大。基于这一嵌入向量，我们可以后接简单的区分性模型（如 Cosine 距离或 PLDA 打分模型）实现语种判别。这种基于 DNN 的语言嵌入具有若干优势：首先，由于训练目标是区分不同语言，得到的向量直接面向语种识别任务；第二，后端打分模型一般基于概率模型，从而可结合深度神经网络和概率模型的优势；第三，如果训练数据中的语言数足够多，语言嵌入事实上可建立一个语言空间，这一空间可直观描述不同语言间的相关性，且可推广到训练数据中没有见过的语言，实现对低资源语言的有效建模。

Snyder 等人提出的 x-vector 模型[144] 是目前最流行的语言嵌入模型。这一模型首先在说话人识别任务中取得了成功，然后在 NIST LRE 2017 语种识别任务中战胜了传统的 i-vector 系统[196]。如图 11.12 所示，FNN 代表全连接层，彩色圆圈代表各种语言。x-vector 模型结构包含三个部分：（1）多个 TDNN 层将原始语音帧映射到抽象空间；（2）一个统计累积层，计算一句话中抽象特征的一阶和二阶统计量；（3）若干全连接层和一个 Softmax 层，将上述一阶和二阶统计量映射为语言的后验概率。模型训练完成后，x-vector 可由某个全连接层的输出得到。基于这一基础结构，研究者提出若干改进方案，包括更有效的特征提取、更合理的累积策略和更有针对性的目标函数等[197, 198, 199]。

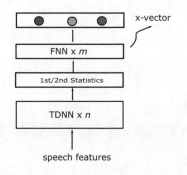

图 11.12　x-vector 结构示意图

11.5 Kaldi 中的语种识别

Kaldi 提供了一个基于 NIST LRE07 的语种识别示例（egs/lre07）。该示例所用的训练集包括 SRE2008 训练集，13 种语言的 CallFriend 数据集，LRE1996、LRE2003、LRE2005、LRE2009 全集及 LRE2007 训练集，测试数据为 LRE2007 测试集。该示例提供了两个 recipe：v1 为标准 i-vector 模型，v2 为 DNN i-vector 模型。

在 i-vector recipe（egs/lre07/v1）中，数据预处理包括 MFCC 特征提取、VTLN 声道长度补偿、重新提取 MFCC 特征、能量 VAD 去静音等步骤。该预处理过程如图 11.13 所示，图中红框自上而下分别为：MFCC 提取与 VAD 语音检测、VTLN 训练、VTLN 补偿、MFCC 重提取、VAD 重检测。

图 11.13　Kaldi lre07/v1/run.sh 中的特征提取与预处理

11.5 Kaldi 中的语种识别

经过预处理后的特征用于 UBM 模型，基于此训练 i-vector 模型并提取训练数据和测试数据的 i-vector 向量。基于训练数据的 i-vector 向量训练 Logistic 回归模型，并基于该模型对测试数据的 i-vector 向量进行分类。该过程如图 11.14 所示，图中红框自上而下分别为：UBM 模型训练、i-vector 模型训练、i-vector 提取、Logistic 回归建模、LRE2007 测试。

```
lid/train_diag_ubm.sh --nj 30 --cmd "$train_cmd --mem 20G" \
  data/train_5k 2048 exp/diag_ubm_2048
lid/train_full_ubm.sh --nj 30 --cmd "$train_cmd --mem 20G" \
  data/train_10k exp/diag_ubm_2048 exp/full_ubm_2048_10k

lid/train_full_ubm.sh --nj 30 --cmd "$train_cmd --mem 35G" \
  data/train exp/full_ubm_2048_10k exp/full_ubm_2048

# Alternatively, a diagonal UBM can replace the full UBM used above.
# The preceding calls to train_diag_ubm.sh and train_full_ubm.sh
# can be commented out and replaced with the following lines.
#
# This results in a slight degradation but could improve error rate when
# there is less training data than used in this example.
#
#lid/train_diag_ubm.sh --nj 30 --cmd "$train_cmd" data/train 2048 \
#  exp/diag_ubm_2048
#
#gmm-global-to-fgmm exp/diag_ubm_2048/final.dubm \
#  exp/full_ubm_2048/final.ubm

lid/train_ivector_extractor.sh --cmd "$train_cmd --mem 35G" \
  --use-weights true \
  --num-iters 5 exp/full_ubm_2048/final.ubm data/train \
  exp/extractor_2048

# Filter out the languages we don't need for the closed-set eval
cp -r data/train data/train_lr
utils/filter_scp.pl -f 2 $languages <(lid/remove_dialect.pl data/train/utt2lang) \
  > data/train_lr/utt2lang
utils/fix_data_dir.sh data/train_lr

echo "**Language count for logistic regression training (after splitting long utterances):**"
awk '{print $2}' data/train_lr/utt2lang | sort | uniq -c | sort -nr

lid/extract_ivectors.sh --cmd "$train_cmd --mem 3G" --nj 50 \
  exp/extractor_2048 data/train_lr exp/ivectors_train

lid/extract_ivectors.sh --cmd "$train_cmd --mem 3G" --nj 50 \
  exp/extractor_2048 data/lre07 exp/ivectors_lre07

lid/run_logistic_regression.sh --prior-scale 0.70 \
  --conf conf/logistic-regression.conf
# Training error-rate
# ER (%): 3.95

# General LR 2007 closed-set eval
local/lre07_eval/lre07_eval.sh exp/ivectors_lre07 \
  local/general_lr_closed_set_langs.txt
# Duration (sec):      avg      3     10     30
#         ER (%):    23.11  42.84  19.33   7.18
#      C_avg (%):    14.17  26.04  11.93   4.52
```

图 11.14　Kaldi lre07/v1/run.sh 中的 i-vector 建模与测试

DNN i-vector recipe（egs/lre07/v2）与 i-vector recipe 很相似，不同的是，前者需要训练一个 ASR DNN，并基于该 DNN 生成的音素后验概率

建立 i-vector 模型。该过程如图 11.15 所示，图中红框分别为 ASR DNN 模型训练、基于 DNN 的 i-vector 模型训练、基于 DNN 的 i-vector 提取、Logistic 回归模型训练与 LRE2007 测试。从图 11.14 和图 11.15 中的结果可以看出，DNN i-vector 的性能明显超过 GMM i-vector。

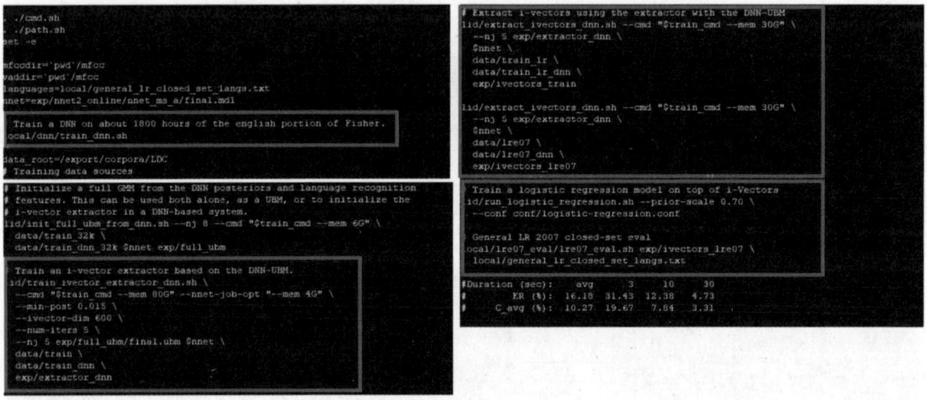

图 11.15　Kaldi lre07/v2/run.sh 中的 DNN i-vector 建模

11.6　小结

本章介绍了语种识别的基本概念和主要方法。人类语言非常复杂，不同语言之间的区分性各有不同。总体来说，越是高层信息，对语言的区分性越明显，但这些信息的提取也越困难，稀疏性也更强。为了满足短时语种识别的实际需求，当前语种识别系统大多基于底层声学特征或中间层的音素特征。对这些信息的建模有两种方法，一种是传统的统计模型方法，一种是近年兴起的深度学习方法。在统计模型方法中，具有代表性的是基于音素序列的 PRLM 模型和基于 BottleNeck 特征的 i-vector 模型。这两种模型都在不同程度上利用了语音识别系统。在深度学习方法中，当前最流行的是 x-vector 语言嵌入方法。这一方法的优势是可以利用大量数据训练一个公共语言空间，从而实现较强的泛化能力。该方法的缺点是需要大量数据，对数据变化较为敏感。更有效的语种识别方案可能需要设计概率模型与深度神经网络模型相结合的混合模型，在利用神经网络区分性建模的同时引入先验知识和概率约束，以缓解对数据的过度依赖。

11.6 小结

　　值得说明的是,虽然本章讨论的是语种识别,但是同样的方法也可以直接用于方言(Dialect)和口音(Accent)的识别,只不过在特征提取和建模方式上需要根据不同任务做出优化选择。

12. 语音情绪识别

by 王东

随着人工智能技术的发展,计算机已经成为人类的亲密伙伴。它可以帮助我们检索知识、规划城市、预测金融走势、保障生产安全,甚至陪我们下棋、打电子游戏。对于如此亲密的"生活伴侣",我们自然希望计算机能知情识趣,而不是冷冰冰的机器。为了让计算机拥有感情,研究者从图像、文字、语音等各个方面展开了大量研究,截至目前,至少在感知层次,机器已经能分清"好赖话",看懂"好赖脸"了。本章我们主要从语音角度讨论情感识别的问题,即语音情绪识别(Spoken Emotion Recognition, SER)。

12.1 什么是语音情绪识别

人类的情感是很玄妙的东西。早在两千年前,亚里士多德就意识到情感在社会交流中的作用。比如,他认为一个在合适的场合能有点儿脾气的人值得敬重,没脾气的人反而是傻瓜。换句话说,情感本身就是一种智能。

其后的斯多葛学派（Stoics）则不这么认为，他们觉得情感是对智能的破坏。在人工智能领域，Herbert Simon 基本赞同亚里士多德的看法，将情感视为一种非常重要的智能行为[200]。Marvin Minsky 甚至觉得，如果机器没有情感，那就不应该叫智能机器[201]。然而，后续的人工智能研究者多将智能和情感分离开来，这更像斯多葛学派的观点。直到 20 世纪末，计算机开始进入普通家庭，人机协作时代到来，关于机器情感的研究才又一次提上日程。Rosalind Picard 的 *Affective Computing* 一书（如图 12.1 所示）成为情感计算的起点。Picard 认为，如果我们希望计算机拥有通用智能并实现与人的自然交互，那么必须让它具有"识别""理解"，甚至"拥有"和"表达"情感的能力[202]。在这之后的二十年里，情感计算取得了长足进步，在情感建模、情感识别、情感合成等各方面取得了一系列重要的研究成果。

一般来说，情感（Affection）一词比较抽象，更多是一种深层次的心理状态。这一心理状态的外在表达一般称为**情绪**（**Emotion**）。语音是表达情绪的重要载体。Blanton 认为，附着于声音上的情绪可以被广泛感知，即使是原始人也可以从声音分辨出爱、恐惧和愤怒等不同情绪。事实上很多动物也可以从声音判断出人的情绪，如狗和马。"语气和音调是最古老、最通用的交流方式"[203]。对语音情绪的研究包含诸多方面，本章主要讨论语音情绪识别，即给定一段语音信号，让计算机从中自动判断出说话人的情绪[204, 205, 206, 207, 208, 209, 210]。

与说话人识别和语种识别相比，语音情绪识别更加困难。主要原因包括两个方面。首先，"情绪"一词的定义非常模糊，事实上直到今天，关于情绪是什么，心理学家们也没有一个公认的定义。Plutchik 估计，在 20 世纪，研究者至少提出了 90 多种情绪的定义[211]。事实上，一句话究竟是哪种情绪，不仅与说话人本身的心理状态相关，还与他/她的生活习惯、表达方式相关，此外与听众的理解方式和生活背景也有密切关系。例如，对一个喜欢安静的人来说，音调提高一些表示他/她已经很愤怒了，但对喜欢吵闹的人来说，提高音调本身就是常态。因此，情绪本身具有非常强的主观性和不确定性。对于这种本身就具有很大不确定性的语言现象，识别起来必然非常困难。事实上，研究表明人对情绪的识别率也仅有 60% 左右[212, 213]，让机器来识别人都很难判断的情绪，显然更加困难。

图 12.1　Rosalind Picard 的 *Affective Computing*（MIT Press，1997）

语音情绪识别的另一个困难在于数据稀缺且标注困难。一般来说自然情绪语料很难获得。自然语料大部分是中性的，真正带情绪的语料很少，需要大量的人为处理工作。即便人为处理可行，基于情绪本身的主观性，标注的一致性也很难保证。另外由于隐私保护的原因，这些数据也不宜公开。因此，当前绝大部分用于 SER 研究的语料都是"人造语料"。这些语料一般通过模拟方式或诱导方式获得。在模拟方式中，发音人按要求有意发出某种情绪的声音。这种方式操作比较简单，但收集的语音是否具有所需要的情绪与发音人本身的表达能力相关。特别是，这种模拟出来的情绪和现实场景中的真实情绪可能有很大差距，因此泛化能力不足。在诱导方式中，采集者故意营造出某种氛围，激发发音人的某种情绪，并在发音人不知情的前提下进行语音采集。这种方式采集到的声音真实度高，但法律风险很大，在标注时同样会遇到情绪感知的主观性问题[214]。

当前公开免费的情绪数据库包括 Berlin Emotional Database（EmoDB）[215]、Toronto Emotional SpeechDatabase（TESS）、Chinese Natural Emotional Audio-Visual Database（CHEAVD）[216]、Speech Under Simulated and Actual Stress Database（SUSAS）[217]、RECOLA Speech Database[218]等。更多关于情绪语音数据的信息可参见文献 [205, 214]。

随着语音情绪识别越来越受到关注，研究者们组织了若干测评和竞赛，其中比较有名的包括 Interspeech Computational Paralinguistics ChallengE（ComParE）、EmotionNet Challenge、Audio/Visual Emotion Challenge（AVEC）、Emotion Recognition in the Wild Challenge（EmotiW）等。这些测评和竞赛一般都提供数据集甚至基线系统，初学者可以参照这些基线系统进行学习和实践。

12.2 语音情绪模型

要识别情绪，首先要对情绪做出量化表达，这一量化表达称为语音情绪模型。如前所述，当前并没有一个大家公认的情绪定义，因此也不存在一个统一的情绪模型。目前比较常用的情绪模型有两种，一种是离散情绪模型，将不同情绪定义为不同类，将情绪识别定义为在这些类上的分类问题；另一种是连续模型，将不同情绪表达为以若干变量为坐标轴组成的连续空间中的点，这时情绪识别事实上是在这些变量上的回归预测任务。

12.2.1 离散情绪模型

Ekman 的离散情绪理论认为人类有六种基础情绪[219, 220]：快乐（Happiness）、悲伤（Sadness）、惊讶（Surprise）、恐惧（Fear）、愤怒（Anger）、厌恶（Disgust），如图 12.2 所示。这些基础情绪是与生俱来且与人种和文化无关的。基于这些基础情绪，通过一定的比例互相混合可以派生出其他各种情绪。离散情绪模型是这一理论的量化表达，即将每种情绪视为一个独立的类，情绪识别被形式化为在这些情绪上的分类问题。离散情绪模型简单易懂，对情绪的标注相对直观。这一模型的缺点是对复杂情绪描述能力较差。

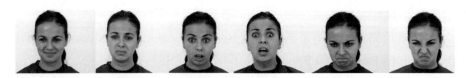

图 12.2　Eklan 定义的六种基础情绪[221]

12.2.2 连续情绪模型

连续情绪模型（也称为维度情绪模型）定义若干和情绪相关的连续变量，如唤醒度（Arousal）、愉悦度（Valence）、控制力（Control）、强势度（Power）等，将情绪表达为以这些变量为坐标的连续空间中的点[222, 223]。当前应用最广的是唤醒度-愉悦度（Arousal-Valence）二维情绪模型[224]，其中唤醒度也经常称为激活度（Activation）或激发度（Excitation），代表情绪本身的强度；愉悦度也被称为效应度（Appraisal 或 Evaluation），代表情绪本身的正负面。基于这一定义，六种基础情绪可以表达为该 A-V 平面的某一区域，如图 12.3 所示，横轴为愉悦度，纵轴为唤醒度；六种基础情绪可表达为 A-V 坐标中的某一区域。

与离散情绪模型相比，连续情绪模型对情绪的描述更精细，可以区分同一种情绪内的细微差别，描述一种情绪到另一种情绪的转化过程。这一模型的缺点是基于变量的情绪表征过于抽象，普通人很难理解这些变量的意义，使得数据标注比较困难。正因为如此，直到近些年，连续标注的数据库才开始出现，如 SAMAINE Database[225]、VAM Database[226]。

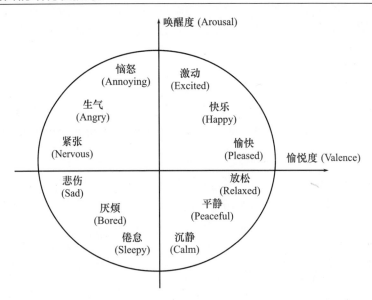

图 12.3　Thayer 的 Arousal-Valence 连续情绪模型[224]

12.3 语音情绪特征提取

传统的语音情绪识别方法一般分为两个步骤：情绪特征提取和统计建模。本节我们主要讨论特征提取问题，下一节将讨论统计建模方法。特征提取的目的是从语音信号中提取出对情绪具有区分能力、且受其他因素（如发音内容、说话人、信道、噪声等）影响较小的典型特征。由于情绪本身的产生机理尚未有明确定论，什么样的特征更适合语音情绪识别也还没有达成共识，因此当前的研究结论大多是实验性的。我们将首先讨论研究中用到的一些典型特征，然后讨论局部特征和全局特征的问题。值得说明的是，一些开源工具箱提供了大量语音信息处理函数供研究者使用，典型的如 OpenSmile[1]，不仅提供了大量基础特征提取工具（包括 F0、Formant、LPC、MFCC 等），而且提供了情绪识别的样例程序供初学者参考。

12.3.1 语音情绪识别中的典型特征

语音情绪识别中的常用特征有四种[207]：韵律和能量等长时连续特征、语音质量特征、谱特征、Teager 能量特征。我们对这四种特征分别做简要

---

[1] 见 OpenSMILE 官网。

介绍。

1. 韵律和能量等长时连续特征

情绪的变化直接反映在整体韵律和能量的变化上。例如，当高激发值的情绪（如愤怒、兴奋）出现时，语音信号的能量、基频、语速都会提高；相反，当低激发值的情绪（如悲伤、冷静）出现时，能量和基频都会下降，语速也会相应地降低[227]。因此，这些韵律和能量上的变化可以作为语音情绪识别的有效特征[228, 229]。总体来说，常用的韵律和能量特征包括：（1）基频（F0）；（2）能量；（3）第一和第二共振峰的位置和宽度；（4）语速与停顿时长。众多研究表明，这些特征和情绪有直接关系，但很难对情绪进行细致的分类。例如 Oster 和 Risberg[230] 发现，高激发状态的情绪，如愤怒、恐惧、兴奋、惊讶等很难用基频信息分开。

2. 语音质量特征

发音人的情绪会影响语音质量[231, 232, 233]。心理学研究表明，语音质量和情绪有直接相关性：当发生语音质量变化时，发音人的情绪通常已经比较极端化[234]。语音质量的变化通常是听觉感知上的变化，比如压力感、喘吸、沙哑等。然而，从语音信号中检出这些变化并不容易。研究中通常采用两种方法，一种方法是通过信号分析得到声门激励信号，基于这一信号判断语音质量是否发生变化[235]；另一种方法是从语音信号中直接提取与语音质量相关的参数，常用的有基频上的抖动（Jitter）和能量上的抖动（Shimmer）[236]。实验表明，当和其他特征组合时（如下面介绍的谱特征），这些语音质量特征可以提高情绪识别的性能[217]。Borchert 等人[233] 的实验表明，语音质量特征对同等激发值（Arousal）和不同愉悦度（Valence）的情绪识别更有帮助。相对应的，韵律和能量特征更适合区分不同激发值（Arousal）的情绪。

3. 谱特征

谱特征（如 FBank、MFCC）被广泛应用在语音识别、说话人识别、语种识别等领域。相应的，这种特征也可以用于语音情绪识别。虽然情绪变化直接反映在韵律和能量等长时连续信息中，但是这种变化也会间接地反映在谱特征本身的分布形态中。例如，当说话人的情绪变得高亢时，不同频带的

12.3 语音情绪特征提取

能量会重新分配，从而引起谱特征本身分布规律的变化，而这一变化可以通过统计建模方法（见下节）进行描述[237, 238, 239]。谱特征的另一个优势是计算简单，适合大规模统计建模。

当前常用的谱特征分为线性谱、非线性谱和倒谱三类。线性谱包括线性预测系数（Linear Predictor Coefficient，LPC）[240]、单边自回归线性预测系数（One-Sided Autocorrelation Linear Predictor Coefficients，OSALPC）[241]等。非线性谱特征将线性谱映射到非线性频率上，如对数谱（Log Power Spectrum，LPS）、Mel 谱、Bark 谱等。倒谱特征是在线性谱基础上对频带能量取对数后再做反傅里叶变换（或反余弦变换）得到的，如线性预测倒谱系数（Linear Predictor Cepstral Coefficient，LPCC），Mel 倒谱系数（Mel frequency Cepstral Coefficient，MFCC）等。有实验表明，倒谱系数在某些情绪识别场景（如情绪压力检测）中明显好于线性谱[207]。

4. Teager 能量特征

Teager 提出了一种简单的能量算子（Teager Energy Operator，TEO），用以解释人耳听觉对能量的感知过程[242]：

$$\Psi(x[n]) = x^2[n] - x[n-1]x[n+1]$$

研究表明，语音信号的 TEO 可以表征不同频带之间的相互作用[243]。当情绪发生变化的时候，不同频带之间的能量分布模式会发生变化，这一变化将引起能量 TEO 的改变，因此 TEO 可以作为情绪识别的特征。例如，Hanson[244] 利用韵律包络上的 TEO 来识别 SUSAS 数据库中的四种情绪，发现 TEO 特征对高声和愤怒两种情绪可进行较好的识别。

Ayadi 等人[207] 在总结上述四种特征时认为，语音情绪识别应选取哪种特征需要考虑具体识别任务。如果识别任务是压力情绪检测，则基于 TEO 的特征会起到不错的效果；如果是为了区分高激发性情绪和低激发性情绪，韵律和能量特征效果会比较好；如果要识别具体情绪，则 MFCC 谱特征结合统计建模，通常可以取得更好的性能。在实际建模中，这些特征经常会结合在一起使用，共同提高识别性能[233, 245, 246]。例如，SEMAINE 对话系统中的情绪识别引擎[246] 就用到了多种类型的特征，如图 12.4 所示，第三列（C）表示帧级别特征个数，第四列（T）表示句子级别特征个数。

Feature Group	Features in Group	C	T
Signal energy	Root mean-square and log energy	1	2
Pitch	Fundamental frequency F_0, 2 measures for probability of voicing	1	3
Voice quality	Harmonics-to-noise ratio	1	1
Cepstral	MFCC	12	16
Time signal	Zero-crossing-rate, max. and min. value, DC component	1	4
Spectral	Energy in bands 0–250 Hz, 0–650 Hz, 250–650 Hz, 1000–4000 Hz	4	4
	10%, 25%, 50%, 75%, and 90% roll-off	5	5
	Centroid, flux, and relative position of maximum and minimum	3	4
SUM:		28	39

图 12.4 SEMAINE 对话系统所用的情绪特征[207]

12.3.2 局部特征与全局特征

我们讨论了几种可能的语音情绪特征，这些特征一般是帧级别的，缺少上下文信息，因而称为局部特征。基于局部特征建模的好处是特征量较大，可以较好地描述不同情绪在特征空间中的分布特性，适合建立较复杂的概率模型，如 GMM 和 HMM。另一种特征是在这些局部特征的基础上，提取特征的长时统计量，包括最大值、最小值、均值、方差、变化率等，这些统计量称为全局特征。图 12.5 给出了 Interspeech 2009 Emotion Challenge 中所用到的局部特征（Low Level Description，LLD）和用以生成全局特征的统计函数[247]，注意局部特征既包括原始静态特征，也包括一阶方差特征（Δ）。ZCR 代表过零率，RMS 代表 Rooted Mean Square，HNR 为共振峰信噪比。

全局特征可以反映句子级的情绪属性，相对稳定。然而，全局特征的数据量较小，不宜建立过于复杂的统计模型。一般认为，全局特征在分类性能上要好于局部特征[248, 249]，但因为数据量较少，建模精度不高，有可能会影响性能。事实上，人类的情绪反映在发音的各个不同层次上，不论是一个音节、一个词，还是一句话，都或多或少地包含一定的情绪表达。局部特征和全局特征事实上反映了这种情绪表达的层次性。因此，很多研究将这些不同

12.3 语音情绪特征提取

层次的特征结合起来，一般可以得到更好的识别性能[250]。

LLD (16 · 2)	Functionals (12)
(Δ) ZCR	mean
(Δ) RMS Energy	standard deviation
(Δ) F0	kurtosis, skewness
(Δ) HNR	extremes: value, rel. position, range
(Δ) MFCC 1-12	linear regression: offset, slope, MSE

图 12.5　Interspeech 2009 Emotion Challenge 的局部特征（LLD）和统计函数（Functionals）[247]

前面所讨论的全局特征事实上是局部特征的简单统计量。近年来，基于语音嵌入的全局特征受到关注，特别是基于 i-vector 的特征提取方法[138]。在说话人识别（第 10 章）和语种识别（第 11 章）中，我们已经讨论过基于 i-vector 模型的语音嵌入。简单来说，i-vector 模型是一个以语音全局属性 μ 为隐变量的线性 GMM；对任意一段语音，基于该模型可以推理出隐变量 μ 的最大后验概率的中心值 μ^*。这相当于将一个不定长语音片段映射为连续空间中的一个点，这一过程称为语音嵌入。值得强调的是，这一嵌入向量代表的是该段语音的长时属性，包括语种、说话人、信道、情绪等，发音内容或瞬时干扰等短时信息不包含在嵌入向量中（严格来说，这些信息会被 i-vector 模型中的各个高斯成分所代表，而非全局性的 μ^*）。本质上，i-vector 嵌入是一种全局特征提取方法。与传统的全局特征不同的是，i-vector 基于一个概率模型进行特征提取，而不是简单的统计量。

Xia[251] 等人研究了基于 i-vector 嵌入的特征提取方法。如图 12.6 所示，系统对每种情绪训练一个 GMM 模型，基于此构造一个情绪相关的 i-vector 模型。在特征提取时，基于每种情绪的 i-vector 模型对输入语音提取 i-vector 特征，将这些特征拼接起来作为全局特征进行建模和识别。图 12.6 中的 GMM_1 到 GMM_K 是对应 K 种情绪的背景模型（UBM）；基于这些模型训练 K 个情绪相关的 i-vector 模型 T_1 到 T_K。用这 K 个模型对待识别语音分别提取 i-vector 并拼接起来作为全局特征。在该工作中，作者利用 SVM 作为分类器（见下节），并比较了如下四种特征：GMM 超向量，1584 维基于统计量的全局特征，与情绪无关的 i-vector 特征，与情绪相关的 i-vector 特征。实验结果表明，i-vector 特征明显好于其他特征。

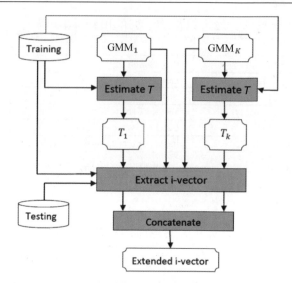

图 12.6 情绪相关的 i-vecotr 特征提取方法[251]

12.4 语音情绪建模

基于 12.3 节介绍的各种局部或全局特征，可以建立区分性统计模型实现对情绪的识别。在 12.2 节中我们讨论过离散和连续两种语音情绪模型，这两种情绪模型对应的计算模型有所不同。我们将分别讨论这两种模型。

12.4.1 离散情绪模型

离散语音情绪建模可以基于各种通用分类模型，常用的有 GMM、HMM、支持向量机（SVM）、神经网络（NN）、多分类器组合。另外，决策树（DT）、k-近邻（k-NN）、朴素贝叶斯（Naive Bayesian）也是常用的分类器。这些分类器既可以单独使用，也可以结合在一起，以获得更好的识别性能。

1. GMM

在 2.2 节我们介绍过 GMM 在声学模型中的应用，对离散情绪模型来说，GMM 是最简单的分类模型之一。对每种情绪，收集该情绪的局部或全局特征，选择合适的高斯成分个数，基于 EM 算法即可训练一个情绪相关的 GMM 模型。识别时，计算待识别句子的特征（或特征集）在每种情绪所对应的 GMM 上的概率，选择概率最大的 GMM 所对应的情绪即为识别结果。例如，Breazeal 等人[252]基于基频和能量特征构造 GMM 模型，在

12.4 语音情绪建模

KISMET 数据库上对五种情绪进行分类，准确率达到 78%。

2. HMM

人类的情绪变化是一个时序过程，即便在一句话里，句首、句中和句尾的情绪表达都有不同的形态。GMM 模型只能描述特征的静态分布，不能描述这种动态时序变化。HMM 是一种简单的时序模型，可以用于描述情绪上的动态变化。这一建模方法不仅克服了局部特征在描述全局特征上的缺陷，同时保留了局部特征的高分辨能力。在实际建模时，以每句话的局部特征序列作为输入，基于 EM 算法对每种情绪训练一个 HMM 模型；对一段测试语音，计算该语音在每种情绪对应的 HMM 上的概率，选择概率最大的 HMM 所对应的情绪作为识别结果。

HMM 模型在情绪识别中应用广泛。例如，Nwe[237] 等人基于 LFPC、MFCC 和 LPCC 等局部特征建立四状态离散 HMM 模型，在缅甸语和汉语两个数据库上，六种情绪分类的识别准确率分别为 78.5% 和 75.5%。在另一组实验[253] 中，HMM 在 SUSAS 数据库的四种情绪分类任务中的识别准确率为 70.1%。

3. 支持向量机（SVM）

支持向量机（SVM）是另一种常见的分类模型[254]。这一模型的基本思想是基于一个核函数（Kernel Function）将数据映射到一个高维空间，在该空间中实现最大边界分类（Max-Margin Classification）。通过选择合适的核函数，SVM 可以实现非常强大的非线性分类。与其他非线性分类器相比（如 NN），SVM 的训练过程可以保证收敛到全局最优。SVM 在情绪识别中有广泛应用[255, 256, 257, 258]。例如，Lee[255] 等人以句子级别的基频和能量作为特征，在对话数据上验证了 SVM 性能要优于线性分类器和 k-NN 分类器。Schuller 等人[256] 在 FERMUS III 数据集上也验证了 SVM 分类器的性能。

4. 神经网络（NN）

神经网络（NN）是与 SVM 齐名的非线性分类器。SVM 通过尝试各种核函数以满足数据的非线性分类要求，而 NN 通过数据驱动学习出合理的特征映射函数来满足这一要求，因此建模能力更强。NN 的缺点在于其训练过程不能保证全局最优，可能出现过训练或欠训练问题[259]。NN 在语音情绪识别方面有广泛的应用。例如，Petrushin[260] 基于韵律和能量特征训练 NN 模型，在 5 种情绪识别任务中得到好于 k-NN 的性能。在另一项研究中，Hozjan[261] 基于 NN 研究了多语言环境下的情绪识别问题，得到了 51% 的平均正确率。

5. 多分类器组合

前面介绍的各种分类器在精度和可扩展性上各有不同，将不同分类器结合起来通常可以得到更可靠的识别结果。特别是当数据量有限时，单一分类器容易产生性能偏差，而组合型分类器通常可以防止过拟合。例如，Petrushin[260] 通过训练多个 NN 模型以提高情绪识别性能。Wu[262] 等人将 SVM、GMM、MLP 三种分类器的输出结果用决策树进行融合。Albornoz[263] 等人发现对不同情绪应选择不同的特征和分类器，因此可以设计一种层级分类结构，逐层减少待分类的情绪个数，并根据不同情绪集选择不同的特征和分类器。Xiao[264] 等人提出了一种类似的层次分类结构，不同的是这一层次结构基于连续情绪模型。如图 12.7 所示，系统首先判断输入语音的激发状态（Active，Median 和 Passive），然后确定具体的情绪类别。

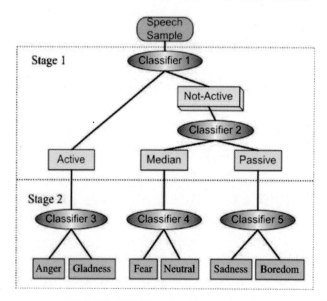

图 12.7　以连续情绪模型为指导的两层情绪分类框架[204]

12.4.2 连续情绪模型

受限于标注困难，基于连续情绪模型的研究一直落后于基于离散情绪模型的研究。近年来，随着连续标注数据库的出现，连续情绪模型受到越来越多的关注[233, 246, 264, 265, 266, 267, 268, 269]。总体来说，连续情绪模型研究的重点在于建立合理的回归模型，对所定义的连续情绪属性进行拟合和预测。

早期连续情绪模型的研究多将离散情绪映射到连续情绪空间，通过研究在离散情绪上的分类性能研究不同特征和分类器对各种情绪变量的影响。如 Borchert[233] 等人基于这一方法研究了韵律特征和语音质量特征在不同激发值和愉悦值下的情绪识别能力。近年来，连续情绪模型研究更多基于连续情绪标注的数据库。例如，Grimm[245] 等人在 VAM 数据库（标注激发值和愉悦度）上比较了 Fuzzy k-NN、Fuzzy Logic 和支持向量回归（Support Vector Regression，SVR）等预测模型的性能，发现 SVR 对情绪属性的预测能力较强。Eyben[246] 等人基于 HUMAINE 数据集和 LSTM-RNN 模型预测激发值和愉悦度，预测值和标注值的相关系数可达 0.5。Truong[265] 等人基于 TNO-Gaming 数据库（通过多人游戏引导方法采集的情绪数据库）研究了发音人报告的情绪和观察者所标注的情绪之间的差异。作者应用 SVR 对激发值和愉悦度两种情绪属性进行预测，发现观察者所做的标注更容易预测。Tian[266] 等人基于 AVEC2012 数据库和 IEMOCAP 数据库在四个维度上（激发值（Arousal）、期待值（Expetancy）、强势度（Power）、愉悦度（Valence））对情绪进行预测。作者首先将两个数据库的标注粒度统一为高、中、低三类，并训练 LSTM-RNN 对这四种属性进行分类。Kaya[267] 等人基于 RECOLA、SEMAINE 和 CreativeIT 三个标注了激发值和愉悦度的数据库研究了跨数据库和跨任务情绪识别的问题。Parthasarathy[268] 等人利用 MSP-PODCAST 数据库对激发值、愉悦度和支配力（Dominance）建立多任务深度神经网络（见下节），实现三种属性的联合预测。Han[269] 等人的研究同样基于 RECOLA 数据库，研究重点在于通过对抗学习提高对情绪属性的预测精度。

12.5 深度学习方法

近年来，深度学习方法在语音信号处理的各个领域取得巨大成功。深度学习利用多层深度神经网络（DNN）的强大学习能力，不仅可以实现复杂模式的非线性分类，更重要的是可以从原始语音数据中学习任务相关的抽象特征，从而有效地提高系统的鲁棒性。事实上，早在深度学习兴起之前，神经网络已经在情绪识别中得到广泛应用（见12.4节）。可惜的是，受限于数据资源，当时的神经网络无法设计得很复杂，导致无法发挥其应有的学习能力。随着大规模情绪数据库的出现，DNN 越来越显示出其卓越的建模能力。

12.5.1 基础 DNN 方法

早期基于 DNN 的情绪识别依然延续传统的统计建模思路，将 DNN 作为替代 SVM 的分类工具[270]。Li[271] 等人首先将 DNN 用于语音情绪特征学习。他们借鉴语音识别中的 HMM-DNN 结构，利用 DNN 预测帧级别的情绪后验概率，并基于 HMM 对句子进行建模。在 eNTERFACE'05 和 Berlin 两个数据库上的实验结果表明，HMM-DNN 系统优于传统 GMM-HMM 系统。基于类似的思想，Han[272] 等人利用 DNN 对语音信号做帧级别的情绪分类，并通过简单的统计函数得到句子级别的全局特征，最后利用 SVM 或 ELM（Extreme Learning Machine，一种两层神经网络，其中第一层权重随机生成，第二层权重通过训练得到）进行情绪分类。图 12.8 给出了该方法的基本流程。语音信号分帧以后，基于 DNN 的情绪分类器生成情绪的后验概率。将这些后验概率作为局部特征，经过若干统计函数，生成句子级的全局特征。这些特征送入 SVM 等句子级的情绪分类器，即可得到情绪识别结果。Han 等人比较了基于局部特征的 HMM 模型，基于全局统计特征的 OpenEAR 系统，基于 DNN 特征的 SVM 和 ELM 模型，发现基于 DNN 特征的 ELM 模型可以得到更好的性能。Lee[273] 等人对这一结构进行了改进，用 LSTM-RNN 代替全连接 DNN，以学习语音信号的上下文信息。

Zheng[274] 等人提出了一种基于 CNN 的端到端学习结构，通过多层卷积和池化，将一段语音信号直接映射为情绪的后验概率，如图 12.9 所示，模型的输入为经过 PCA 正则（PCA Whitening）化后的频谱，这一频谱通过若干卷积层和池化层后生成全局特征，最后通过一个 Softmax 层得到情绪识别

12.5 深度学习方法

结果。Trigeorgis[275] 等人提出了一种更彻底的端到端学习结构，如图 12.10 所示，模型的输入为 16kHz 时的原始时域语音信号，经过若干 CNN 层做局部特征提取，再通过 LSTM 做序列建模。LSTM 的输出为当前时刻的情绪属性值（激发值和愉悦度）。这一结构通过若干 CNN 层和 LSTM-RNN 层，将语音信号直接映射为连续情绪变量。Trigeorgis 等人发现，通过这一学习，RNN 层中确实可以学习到非常有价值的模式，而且这些模式和常用的韵律特征或声学特征（如音量、基频等）具有很强的相关性。这证明如果模型结构选择恰当，深度学习确实可以得到和情绪高度相关的有效特征。

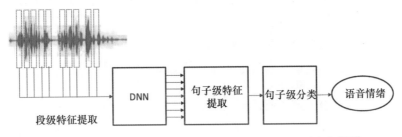

图 12.8　基于 DNN 特征提取的语音情绪识别流程[272]

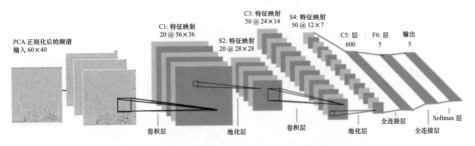

图 12.9　Deep CNN 端到端情绪识别模型[274]

近年来，注意力机制（Attention Mechanism）在深度学习模型中被广泛应用[20]。在语音情绪识别建模中，注意力机制可以帮助我们从一段语音中选择最具有情绪表现力的部分，因而可以有效提高识别性能[276, 277]。图 12.11 给出了基于注意力机制的 CNN 语音情绪识别模型。在该模型中，语音信号经过卷积和池化后得到长度为 n 的特征序列。在该特征序列上计算注意力机制的权重，并基于该权重对特征序列做加权平均，即可得到基于注意力机制的全局特征。由于模型的训练目标是使情绪的分类或预测性能最优，因此该注意力机制将对情绪区分度较高的帧赋予更大的权重。

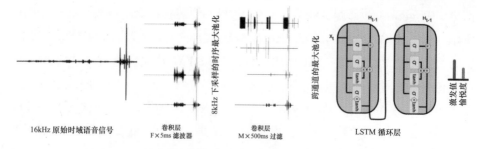

图 12.10　基于 CNN-LSTM 的端到端情绪识别模型[275]

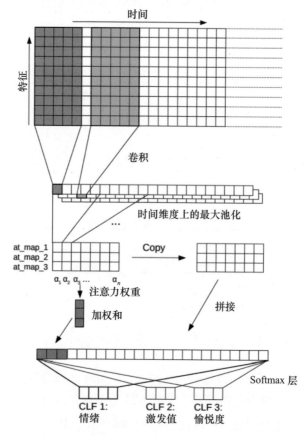

图 12.11　基于注意力机制的 CNN 语音情绪识别模型[276]

12.5.2　特征学习

深度学习不仅可以帮助我们构造强大的分类或回归模型，还可以帮助我们从多方面提高情绪分类的性能。例如，Mao[278] 等人提出一种基于 CNN

12.5 深度学习方法

的区分性特征学习方法,如图 12.12 所示。该模型包括两部分:一部分是 CNN 编码器,将输入语音片段映射为特征向量 y;另一部分是显著区分特征分析,通过区分性学习提取 y 中与情绪相关的成分 $\phi(e)$,该特征可送入任何一种区分性模型进行情绪识别。输入语音特征经过 CNN 后得到特征序列 $F_t^i(x)$,其中 t 代表时间,i 代表特征平面。对这一特征序列在时序上计算一阶和二阶统计量,得到全局特征 y。这一特征经过一个全连接层得到区分性特征 $\Phi(e)$,将该特征送入 SVM 即可得到情绪识别结果。图中 CNN 的卷积核基于 SAE 无监督学习得到(Local Invariant Feature Learning);全连接层通过显著区分特征分析(Salient Discriminative Feature Analysis)得到。

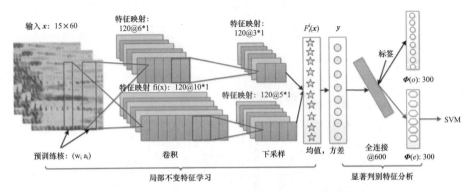

图 12.12　基于 CNN 的区分性特征学习[278]

值得说明的是,为缓解数据稀疏问题,作者并未对这一结构做端到端学习,而是采用了很多有价值的新方法。首先,CNN 的卷积核通过稀疏自编码器(SAE)学习得到。对每个卷积核构造一个 SAE,通过随机语音片段学习该 SAE 的参数。这一学习过程不需要情绪标记,是一种无监督学习方法;SAE 的目标函数使得到的卷积核可生成具有局部不变性的稳定特征。其次,在显著区分特征分析中,仅在训练 $\phi(e)$ 时用到了情绪标记,对与情绪无关特征 $\phi(o)$ 的学习不需要情绪标记,学习目标是将 $\phi(e)$ 和 $\phi(o)$ 组合起来时可以恢复原始语音特征。

12.5.3　迁移学习

迁移学习是指基于某一场景或某一任务训练得到的模型,可以迁移到另一个场景或另一个任务中。基于 DNN 的迁移学习在语音信号处理领域有广泛的应用[32]。在语音情绪识别中，Pappagari[279] 等人研究了深度嵌入模型 x-vector 的迁移能力，发现在说话人识别任务上训练的 x-vector 模型可以用于初始化情绪识别模型。Gideon[280] 等人提出基于渐进网络（Progressive Net）的迁移学习方法。如图 12.13 所示，基于某一任务学习得到的识别网络可以迁移到另一个任务中，迁移时原有网络固化，同时扩展出新的网络节点和连接，并对新连接权重进行学习。这一方法可以用于不同任务之间的迁移（如将说话人识别的网络迁移到情绪识别中）和数据库之间的迁移。在另一项研究中，Stolar[281] 等人甚至发现用于图像识别的 AlexNet 可以直接用来从语音频谱中提取情绪识别的有效特征。图 12.13 中上半部分是从另一个任务中复制过来的网络，这一网络的参数在新任务中被固化（不能参与训练）；下半部分是面向新任务扩展出的网络，这一部分网络参与新任务的训练。

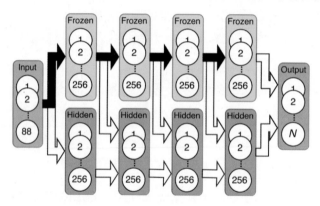

图 12.13　基于渐进网络的迁移学习[280]

12.5.4　多任务学习

多任务学习是指对相关（或互斥）任务同时进行学习，以提高主要任务或所有任务的性能。例如，Kim[282] 等人将情绪识别作为主任务，性别和自然度识别作为辅助任务训练多任务 LSTM 模型（图 12.14），发现在 AIBO 和 IEMOCAP 等大规模数据集上可以得到较好的效果。Lotfian[283] 等人利用多任务学习处理复杂标注，将不确定的标注作为辅助任务，以充分利用其中的有效信息。在多任务学习中，情绪识别为主任务，性别和自然度识别为辅助任务。模型输入为帧级别的语音特征，经过若干 LSTM 层之后，同时对情绪、性别、自然度进行识别。模型训练时，目标函数是这三个任务上各

12.5 深度学习方法

自的目标函数之和；识别时，仅保留与情绪识别相关的网络。

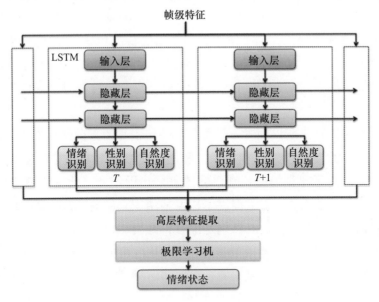

图 12.14　基于 LSTM-RNN 的多任务学习框架[282]

Li[284] 等人提出了一种基于语音信号分解的多任务学习方法。如图 12.15 所示，首先解码出语音信号的发音内容，然后解码出说话人信息，最后对情绪进行识别。这一逐层解码的方式可以将发音内容和说话人等信息预先分离出去，从而有效降低情绪识别的难度。

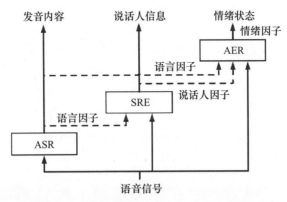

图 12.15　基于语音信号分解的情绪识别方法[284]

12.6 小结

本章介绍了语音情绪识别的基本方法和最新进展。我们讨论了情绪的离散模型和连续模型，介绍了情绪识别常用的特征和分类/回归模型。作为重点，我们介绍了深度学习方法在情绪识别上的应用，包括 DNN、CNN、RNN 等基础结构，以及基于 DNN 的特征提取、迁移学习、多任务学习等新方法。

语音情绪识别之所以困难，主要在于情绪本身的复杂性和不确定性，即使是人自己也很难捉摸。这种复杂性和不确定性首先导致标注困难和数据稀缺，进而阻碍了早期情绪识别研究的进展。近年来，数据资源逐渐积累，大规模数据库不断出现，极大促进了语音情绪识别的研究。数据的增加使得我们可以训练更复杂的模型，特别是深度神经网络模型。深度神经网络可以从数据中自动学习与情绪相关的显著特征，从而避免了对未知现象进行特征设计的尴尬。从近几年的发展来看，对情绪这种复杂现象来说，深度神经网络这种黑盒模型确实是一种不错的选择。

13. 语音合成

by 王东

语音合成是指由文字生成声音的过程，通俗地说，就是让机器按人的指令发出声音。早在 1769 年，匈牙利发明家 Wolfgang von Kempelen 就设计了一台会说话的机器，如图 13.1 所示。这台机器用机械装置模拟人的发音机理，通过风箱驱动簧片产生声音。1845 年奥地利发明家 Joseph Faber 发明了 Euphonia，可以通过键盘发出声音。这些早期的发声机器用机械装置模拟人的发音过程，清晰度较低，只能发一些简单的音素和单词。

计算机发明以后，语音合成技术开始快速发展。按时间顺序，语音合成方法可以归纳为四种：**参数合成、拼接合成、统计模型合成和神经模型合成**。绝大多数合成方法都基于激励-响应（Source-Filter）模型，我们首先对该模型做简单介绍。

图 13.1　Saarland University 大学于 2007-2009 年重现的 Kempelen 发声器

13.1　激励-响应模型

人类的发音可以描述为一个声门激励序列经过一个声道响应函数的滤波过程，称为激励-响应（Source-Filter）模型。基于这一模型，声音是肺部气流冲击声门（主要是声带）产生的振动通过声道（包括口腔和鼻腔）共鸣生成的短时平稳周期信号。如果声带完全打开，声门生成的是随机噪声，这时产生的声音是清辅音；如果声带拉紧，声门生成的是周期性振动，这时产生的声音是浊辅音和元音。在这一模型中，气流冲击声带称为声门激励，声道的共鸣称为声道响应，也可以认为是对声门激励信号的滤波或调制。语音生成的过程如图 13.2 所示，气流冲击声门产生混乱的或周期性的振动，这一振动通过口鼻形成的声道形成共鸣，从唇齿间发射出来即形成语音。

我们以元音为例观察上述激励-响应模型产生的语音信号的特点。基于该模型，语音信号是声门发出的基础周期信号经过声道的共鸣。这一过程有两个特点：一方面，原始周期信号在声道所形成的共振腔中反射叠加，会生成一系列倍频信号，在频域上表现为周期性波动；另一方面，声道具有调制作用，在不同倍频信号上会产生不同的增益，形成特殊的频谱包络。图 13.3 给出了语音信号的频谱特性，其中 F_0 是原始周期信号的频率，称为基频（F_0），F_1,F_2,F_3 分别为频谱包络的极大值点，称为第一、第二、第三共振峰。

需要强调的是，F_0 表征的是声门的激励特性，而各个共振峰描述的是

13.1 激励-响应模型

声道的响应函数，二者具有完全不同的物理意义。语音信号是倍频后的声门激励和声道响应函数的卷积，在频域上表现为声道特性对不同频率幅值的调制，形成特别的频谱包络。图 13.3 中红色实线表示实际频谱，黑色虚线表示频谱包络，对应声道响应函数。

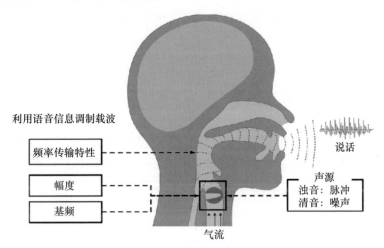

图 13.2　人类发音的声门激励-声道响应模型

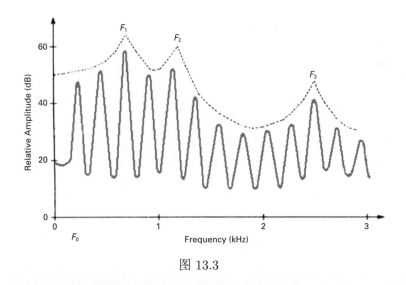

图 13.3

激励-响应模型是一个生成模型，给定声门激励和声道响应函数，将二者卷积即可以合成语音。此外，基于该模型，也可以实现语音信号的分解，将语音分解为声门激励和声道响应两个相对独立的成分。这一分解事实上是一个解卷积的过程。最著名的分解方法是基于线性预测（LP）的分解，该方法假设语音信号具有线性可预测性，线性预测系数（LPC）构成了声道特性，预测的残差对应声门激励。图 13.4 给出了这一分解的示意图，左图为输入语音信号；中图上方为线性预测模型的传递函数，下方为该模型对应的冲激响应；右图为预测的残差。在中图上方的线性预测模型中，$\{a_k\}$ 为线性预测系数（LPC）。

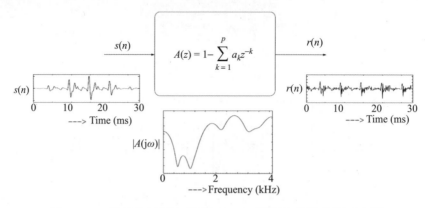

图 13.4　基于线性回归模型（LP）的语音信号分解示意图

综上所述，基于激励-响应模型，我们既可以对语音进行分解，也可以基于分解得到的成分对声音进行合成。对声音进行分解-合成的装置称为声码器，其中分解部分称为编码器，合成部分称为解码器。历史上第一个声码器由贝尔实验室于 1930 年发明，这一发明奠定了语音合成的基础。图 13.5 给出了一个基于 LPC 的声码器的编-解码流程，其中编码器将声音分解成基频和频谱包络两部分，这两部分信号经过通信信道传送到接收端，解码器利用这两路信息合成语音。

13.2 参数合成

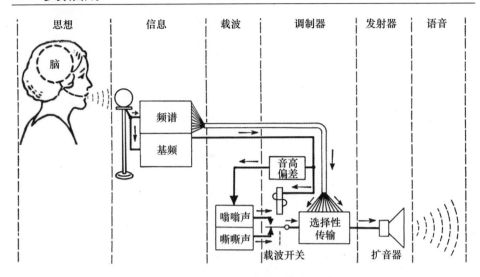

图 13.5　LPC 声码器的编-解码流程

13.2 参数合成

由前一节所介绍的激励-响应模型可知，只要设计合适的激励信号和合适的声道响应函数，即可合成目标语音。对这些信号进行参数化，通过选择不同的参数实现不同的发音，这是参数合成的基本思路。

前面我们已经提到，声门激励与发音的类型有关，如辅音和元音，而声道特性直接决定发音的内容。图 13.6 给出了不同元音在共振峰平面（F1-F2）上的分布情况，可以看到不同元音在这一平面上有显著区分，意味着我们只要指定 F1 和 F2 的值，即可生成对应的元音。在实际系统中，可以对现有发音库进行分析，统计不同音素（包括其上下文）的基频和各个共振峰的取值，在合成时基于这些取值即可合成出相应的声音。这一方法称为参数合成。

DEC 公司推出的 DECTalk 是这种合成方法的典型代表，如图 13.7 所示。参数合成的优点是计算量小、可调节性高，缺点是参数调节困难，生成的声音自然度较低。

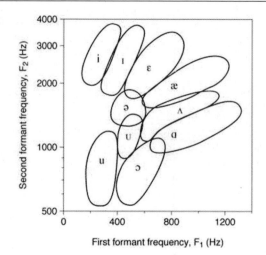

图 13.6　不同元音在共振峰平面（F1-F2）上的分布情况

图 13.7　1984 年 InfoWorld 报导 DECTalk（著名科学家霍金的发音助手）

13.3　拼接合成

20 世纪 90 年代，随着大规模语音库的积累，基于拼接的合成方法成为主流。这一方法将事先录好的语音切分成发音片段（一般为音素），在合成

13.3 拼接合成

时从这些片段中选择合适的候选片段进行拼接，组装成句子[285]。

拼接法需要处理两个主要问题。第一个问题是对上下文环境的处理，同一个音素在不同环境下发音会有所差别，因此需要根据环境选择合适的发音片段。这里的环境既包括前后音素，也可以包括词边界、词性、句子属性等。第二个问题是拼接连续性问题。把两个发音片段拼在一起时，总会产生一些不连续性。一般采用在频域进行拼接和平滑的方法来增加连续性。

早期的拼接合成多采用半音素（Di-Phone）作为发音片段。所谓半音素，是从一个音素的中心到下一个音素的中心对应的发音片段，如图 13.8 所示，B-IY，IY-R 等都是半音素。半音素模型有三个好处，一是在进行语音标注时比较方便，因为标注音素的中心要比标注音素的边界容易得多；二是半音素中包含了前后音素的转换过程，有利于对上下文关系的描述；三是音素中心一般比较稳定，拼接时有利于保持发音的连续性。

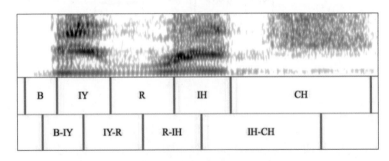

图 13.8　语音流中的半音素（Di-Phone）

另一种语音拼接合成方法是基于单元选择（Unit Selection）的方法，如图 13.9 所示。在这种方法里，每个发音片段是一个上下文相关音素，称为一个单元。不同的音素可能有多个单元，每个单元具有环境相关的各种标记，以及相应的基频、频谱包络等信息。在合成时，按目标句子的上下文环境选择合适的单元，将相应的基频和频谱包络拼接起来，即可合成一个完整的句子。在单元选择过程中，需要考虑两个准则，一是选择出的单元应符合环境约束，二是选择出的单元在互相拼接时应保持连贯性。和半音素方法相比，单元选择方法基于更大规模的数据库，对环境的建模更细致。理论上说，如果数据库规模足够大，我们总可以选出合适的单元，生成自然流畅的声音。

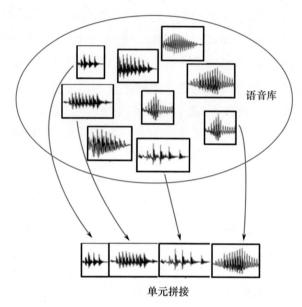

图 13.9 基于单元选择的语音拼接合成 [1]

13.4 统计模型合成

基于拼接的合成方法可以生成高质量的语音,但需要较大规模的语音库,录制成本较高,占用磁盘空间大,在嵌入式设备上很难使用。另外,拼接方法无法灵活地改变声音的特性,在应用上有一定的局限性。

为解决拼接方法的这些困难,人们提出统计模型方法。该方法为每个发音单元建立一个统计模型,在合成时仅利用这些模型生成语音,而不需要原始语音库,因此系统通常比较精简[286]。特别重要的是,基于统计模型可以很容易地实现对语音特性的控制,这对个性化合成尤为重要。基于 HMM 的方法是这一时期的主流。这种方法对每个发音单元建立一个 HMM 模型,在合成时将句子中所有发音单元的 HMM 模型拼接起来形成一个组合模型,再由该模型生成最匹配的语音。

具体而言,我们首先对语音库中的语音信号进行切分,生成上下文相关的音素,再对每个音素的长度、基频和频谱包络建立三个 HMM 模型。这

---

[1] 图片源自日本名古屋工业大学 HTS 系统,图片设计基于 HTS slides。

13.4 统计模型合成

里的上下文环境一般包括前后各两个音素的标识、词内位置、句内位置、词性、韵律信息等。长度模型是一个单一状态、单个高斯的 HMM，基频和频谱包络是多状态 HMM。基频的状态概率包括两个空间，一个是离散空间，用来描述清辅音的零基频，一个是连续空间，用来描述浊辅音和元音的非零基频。频谱包络 HMM 的状态概率模型是一个 GMM，用来描述频谱包络在各个状态的分布规律。

在实际合成时，首先需要基于长度模型选择每个音素的发音长度，然后基于基频模型和频谱包络模型生成每个音素的基频和频谱包络，最后将基频和频谱包络送入声码器合成语音。在生成基频和频谱包络时，准则是使得生成基频和频谱包络在对应 HMM 中的输出概率最大化。如果不考虑语音帧之间的相关性，则每个音素的每个状态在不同时刻的输出是不变的。显然，这一输出会在状态改变时产生跳跃，影响合成的质量。为解决这一问题，研究者提出基于动态特征建模的方法。基于这一模型，每个状态的输出需要考虑前后帧的相关性，这一约束使得生成的基频和频谱包络更加连续。

图 13.10 给出了基于 HMM 模型生成的频谱包络中的某一维的过程，其中红色折线是不考虑前后帧相关性的最大概率输出；当考虑前后帧约束时，生成输出变得连续，如蓝色曲线所示。每个圆圈代表一个 HMM 状态，箭头标出了每个状态要生成的语音片段。下方两条水平平行线间的竖线表示每一帧的生成值。实际生成时，首先估计出每个音素中每个状态要生成的帧数，再对每个状态进行生成（红色线）。考虑到前后帧的相关性时，将生成更为平滑的语音，对应图中的蓝色曲线。

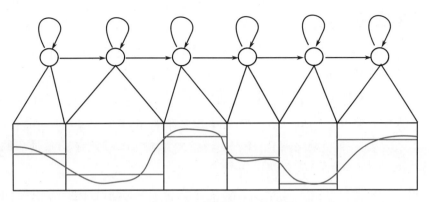

图 13.10　基于 HMM 模型生成某一维频谱包络的过程（图片设计基于 HTS slides）

图 13.11 给出了基于 HMM 的语音合成系统的总体框架。在训练阶段，对数据库中的语音信号进行分析，得到基频（对应声门）和频谱包络（对应声道响应），利用数据库中的标注信息，对每个上下文相关音素建立时长、基频和频谱包络的 HMM 模型。在合成阶段，首先对输入文本进行分析（一般称为前端处理），将文本转换成标注文件，基于该标注选择相应的音素，并将这些音素对应的基频 HMM 和频谱包络 HMM 分别串连起来，基于该串联 HMM 合成句子的基频和频谱包络序列，最后送入声码器得到合成语音。

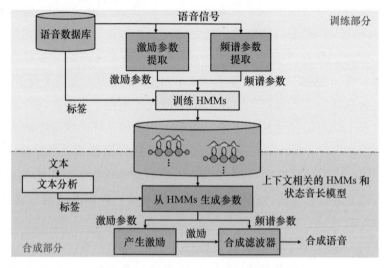

图 13.11　基于 HMM 的语音合成系统的总体框架（图片设计基于 HTS slides）

13.5　神经模型合成

在讨论语音识别时我们已经知道，HMM 模型不能描述复杂的发音现象。当数据量增加时，基于 HMM 的语音合成系统的性能遇到了瓶颈。为此，研究者提出基于深度神经网络（DNN）的语音合成方法。这一工作由香港中文大学、微软、Google 于 2013 年独立提出[287, 288, 289, 290]。在这些模型中，研究者用神经网络取代 HMM 模型来预测每一帧语音的激励和调制信号，再通过声码器合成自然语音。

图 13.12 是 Google 基于 DNN 的语音合成系统示意图。该系统的前端处理部分和 HMM 系统是一样的，不同的是用 DNN 取代 HMM 来生成

13.5 神经模型合成

每个音素的时长、基频和频谱包络。事实上，Google 系统中生成的是这些量的均值和方差，基于这些统计量，可以利用 HMM 系统类似的方法，通过考虑前后帧之间的相关性生成每一帧的实际参数，即图中的"Parameter Generation"部分。生成的参数最后还是要通过一个声码器来合成语音。

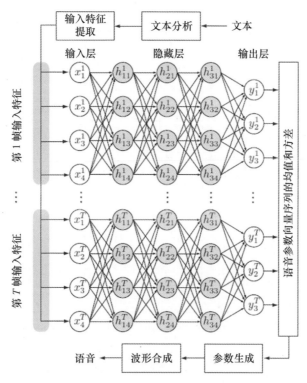

图 13.12　Google 基于 DNN 的语音合成系统示意图[290]

2014 年以后，研究者对基于 DNN 的合成方法进行了一系列扩展，提出了基于 RNN 的合成系统。与 DNN 相比，RNN 可以学习长时相关性，因此可以用来学习发音过程中前后音素之间的协同发音现象，从而得到更平滑、自然的发音。图 13.13 是微软发表的基于 RNN 的语音合成系统示意图[291]。该模型首先生成每个音素的长度，然后基于一个双向 RNN 模型对每个语音帧直接预测基频和频谱包络参数。因此，该系统并不需要一个额外的参数生成器。

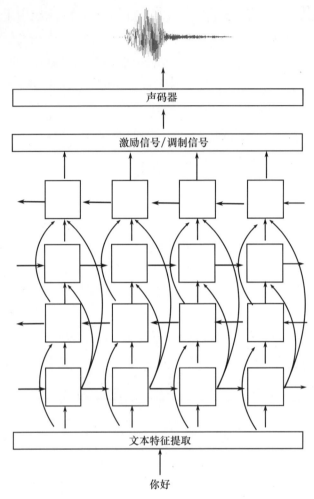

图 13.13　微软基于 RNN 的语音合成系统示意图[291]

13.6 基于注意力机制的合成系统

近两年来，基于神经模型的语音合成取得了长足进展，其中基于注意力机制的语音合成系统最受瞩目[292]。直观上，基于注意力机制的语音合成可类比人类的阅读-理解-复述过程。首先，用一个双向 RNN 将要发音的文本进行编码，这类似于阅读和理解；然后，基于另一个 RNN 逐一生成每个语音帧，类似于对脑海中的记忆进行复述。在每一步生成时，系统基于注意力机制定位到要发音的文本，并利用该文本的信息指导生成过程。

13.6 基于注意力机制的合成系统

图 13.14 是 Google 基于该思路设计的 Tacotron 系统。在该系统中，待合成的句子以字符串的形式输入一个编码器中，生成一个完整的句子编码。在合成时，基于 RNN 迭代合成每一帧参数，每合成一帧的时候，不仅将前一帧输出作为输入，同时基于注意力机制提取句子编码中相应的信息，使得生成的语音与输入要求一致。特别值得说明的是，这一方法的解码输出并不是基频和频谱包络，而是频谱本身。基于频谱可以直接合成原始语音，而不需要一个声码器。Griffin-Lim 算法是一种常用的由频谱合成语音的算法，该方法首先由频谱估计出每一帧的相位，再将相位应用到频谱上，得到合成语音。Griffin-Lim 算法简单、高效，但合成语音的质量不高。Google 提出利用多层卷积网络将频谱直接转化为语音，这一网络称为 WaveNet[293]，如图 13.15 所示。

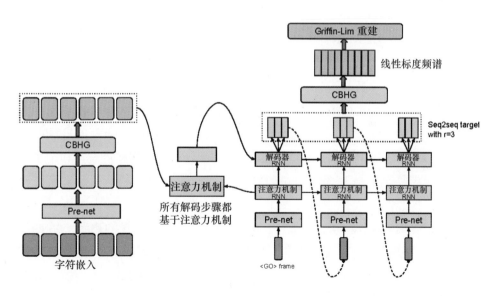

图 13.14　基于注意力机制的 Tacotron 系统[292]

如今，Tacotron 已经成为语音合成系统的主流模型，可以合成非常自然的声音。人们对这一模型进行了一系列扩展，例如，DeepMind 提出了一种并行 WaveNet 算法，可以使 WaveNet 的合成速度达到实时[294]，Google 将说话人信息表达成一个说话人向量，作为辅助输入，使得 Tacotron 系统可以合成不同人的声音[295]。

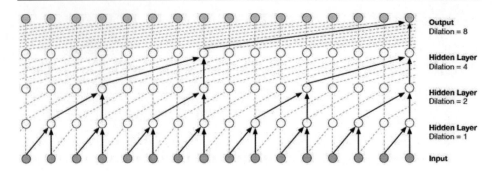

图 13.15　WaveNet 结构示意图[293]

13.7 小结

  本章我们简要介绍了语音合成的基本方法。绝大部分合成方法基于激励-调制模型，该模型认为语音是声门激励经过声道的调制过程，因此，只要设计合适的激励和声道响应函数，即可合成需要的声音。最早的语音合成系统基于共振峰参数来设计声道的响应函数，基于此合成语音。这一方法效率很高，但由于参数过于简单，质量不能保证。拼接法从大规模数据库中直接提取声门和声道参数，可以实现较逼真的合成，但在拼接点有不连续的情况，且占用资源较多。统计模型法是对共振峰合成的回归和扩展，利用了更多信息和更复杂的概率模型对声门和声道的参数进行预测。神经模型法用更灵活的神经网络代替 HMM 等统计模型，当训练数据量较大时可以突破统计模型在概率形式上的限制，从而可以合成更自然流畅的声音。近两年来，基于神经模型的合成系统进一步发展，特别是以 Tacotron 为代表的端到端系统，将待合成的句子直接映射到频谱，事实上已经摆脱了传统合成方法中对激励-调制模型的依赖，成为一种崭新的合成方法。

参考资料

注：下面参考资料末尾括号中的数字，表示本书正文引用该参考资料的页数。

[1] 王东, 利节, 许莎. 《人工智能》, 清华大学出版社. 2019 (5).

[2] Dong Yu and Li Deng. *Automatic speech recognition*. 2016 (17).

[3] Christopher D Manning and Hinrich Schütze. *Foundations of statistical natural language processing*. 1999 (18).

[4] Frederick Jelinek. "Up from trigrams!-the struggle for improved language models". In: *Second European Conference on Speech Communication and Technology*. 1991 (18).

[5] Reinhard Kneser and Hermann Ney. "Improved backing-off for m-gram language modeling". In: *IEEE International Conference on Acoustics, Speech and Signal Processing*. 1995, pages 181–184 (18).

[6] Kenneth W Church and William A Gale. "A comparison of the enhanced Good-Turing and deleted estimation methods for estimating probabilities of English bigrams". In: *Computer Speech & Language* (1991), pages 19–54 (18).

[7] Slava Katz. "Estimation of probabilities from sparse data for the language model component of a speech recognizer". In: *IEEE Transactions on Acoustics, Speech, and Signal Processing* (1987), pages 400–401 (18).

[8] Jacob Devlin et al. "Bert: Pre-training of deep bidirectional transformers for language understanding". In: *arXiv preprint arXiv:1810.04805* (2018) (19).

[9] Yinhan Liu et al. "Roberta: A robustly optimized bert pretraining approach". In: *arXiv preprint arXiv:1907.11692* (2019) (19).

[10] Zhilin Yang et al. "Xlnet: Generalized autoregressive pretraining for language understanding". In: *Advances in neural information processing systems.* 2019, pages 5754–5764 (19).

[11] Zhenzhong Lan et al. "Albert: A lite bert for self-supervised learning of language representations". In: *arXiv preprint arXiv:1909.11942* (2019) (19).

[12] Joonbo Shin, Yoonhyung Lee, and Kyomin Jung. "Effective Sentence Scoring Method Using BERT for Speech Recognition". In: *Asian Conference on Machine Learning.* 2019, pages 1081–1093 (20).

[13] Mehryar Mohri, Fernando Pereira, and Michael P Riley. "Weighted finite-state transducers in speech recognition". In: *Computer Speech & Language* (2002), pages 69–88 (20, 21, 61).

[14] Jan K Chorowski et al. "Attention-based models for speech recognition". In: *Advances in Neural Information Processing Systems.* 2015, pages 577–585 (23).

[15] Dzmitry Bahdanau et al. "End-to-end attention-based large vocabulary speech recognition". In: *IEEE International Conference on Acoustics, Speech and Signal Processing.* 2016, pages 4945–4949 (23).

[16] Alex Graves et al. "Connectionist temporal classification: labelling unsegmented sequence data with recurrent neural networks". In: *Proceedings of the 23rd international conference on Machine learning.* 2006, pages 369–376 (23, 26).

[17] Alex Graves, Abdel-rahman Mohamed, and Geoffrey Hinton. "Speech recognition with deep recurrent neural networks". In: *IEEE International Conference on Acoustics, Speech and Signal Processing.* 2013, pages 6645–6649 (23, 26).

[18] Alex Graves. "Sequence transduction with recurrent neural networks". In: *arXiv preprint arXiv:1211.3711* (2012) (26).

[19] Yanzhang He et al. "Streaming End-to-end Speech Recognition For Mobile Devices". In: *IEEE International Conference on Acoustics, Speech and Signal Processing.* 2019, pages 6381–6385 (26, 27).

[20] Dzmitry Bahdanau, Kyunghyun Cho, and Yoshua Bengio. "Neural machine translation by jointly learning to align and translate". In: *arXiv preprint arXiv:1409.0473* (2014) (27, 30, 197).

[21] William Chan et al. "Listen, attend and spell". In: *arXiv preprint arXiv:1508.01211* (2015) (29).

[22] Ashish Vaswani et al. "Attention is all you need". In: *Advances in neural information processing systems*. 2017, pages 5998–6008 (30).

[23] Suyoun Kim, Takaaki Hori, and Shinji Watanabe. "Joint CTC-attention based end-to-end speech recognition using multi-task learning". In: *IEEE International Conference on Acoustics, Speech and Signal Processing*. 2017, pages 4835–4839 (31).

[24] Daniel Povey et al. "The Kaldi speech recognition toolkit". In: *IEEE 2011 Workshop on Automatic Speech Recognition and Understanding*. 2011 (33).

[25] Tianqi Chen et al. "{TVM}: An automated end-to-end optimizing compiler for deep learning". In: *13th {USENIX} Symposium on Operating Systems Design and Implementation ({OSDI} 18)*. 2018, pages 578–594 (34, 36).

[26] Norman P Jouppi et al. "In-datacenter performance analysis of a tensor processing unit". In: *Proceedings of the 44th Annual International Symposium on Computer Architecture*. 2017, pages 1–12 (35).

[27] Mingzhen Li et al. "The Deep Learning Compiler: A Comprehensive Survey". In: *arXiv preprint arXiv:2002.03794* (2020) (36).

[28] Nadav Rotem et al. "Glow: Graph lowering compiler techniques for neural networks". In: *arXiv preprint arXiv:1805.00907* (2018) (36).

[29] Vijayaditya Peddinti, Daniel Povey, and Sanjeev Khudanpur. "A time delay neural network architecture for efficient modeling of long temporal contexts". In: *Sixteenth Annual Conference of the International Speech Communication Association*. 2015 (63).

[30] Daniel Povey, Xiaohui Zhang, and Sanjeev Khudanpur. "Parallel training of DNNs with natural gradient and parameter averaging". In: *arXiv preprint arXiv:1410.7455* (2014) (69).

[31] Haş, im Sak, Andrew Senior, and Franç, oise Beaufays. "Long short-term memory recurrent neural network architectures for large scale acoustic modeling". In: *Fifteenth annual conference of the international speech communication association*. 2014 (75, 76).

[32] Dong Wang and Thomas Fang Zheng. "Transfer learning for speech and language processing". In: (2015), pages 1225–1237 (85, 200).

[33] Li Lee and Richard Rose. "A frequency warping approach to speaker normalization". In: *IEEE Transactions on Speech and Audio Processing* (1998), pages 49–60 (85).

[34] D Rama Sanand, D Dinesh Kumar, and Srinivasan Umesh. "Linear transformation approach to vtln using dynamic frequency warping". In: *Eighth Annual Conference of the International Speech Communication Association*. 2007 (86).

[35] Xiaodong Cui and Abeer Alwan. "MLLR-like speaker adaptation based on linearization of VTLN with MFCC features". In: *Ninth European Conference on Speech Communication and Technology*. 2005 (86).

[36] Jean-Luc Gauvain and Chin-Hui Lee. "Maximum a posteriori estimation for multivariate Gaussian mixture observations of Markov chains". In: *IEEE Transactions on Speech and Audio Processing* (1994), pages 291–298 (88).

[37] Christopher J Leggetter and Philip C Woodland. "Maximum likelihood linear regression for speaker adaptation of continuous density hidden Markov models". In: *Computer speech & language* (1995), pages 171–185 (88).

[38] Mark JF Gales et al. "Maximum likelihood linear transformations for HMM-based speech recognition". In: *Computer speech & language* (1998), pages 75–98 (88).

[39] Tasos Anastasakos, John McDonough, and John Makhoul. "Speaker adaptive training: A maximum likelihood approach to speaker normalization". In: *IEEE International Conference on Acoustics, Speech and Signal Processing*. 1997, pages 1043–1046 (92).

[40] Hank Liao. "Speaker adaptation of context dependent deep neural networks". In: *IEEE International Conference on Acoustics, Speech and Signal Processing*. 2013, pages 7947–7951 (93).

[41] Jian Xue et al. "Singular value decomposition based low-footprint speaker adaptation and personalization for deep neural network". In: *IEEE International Conference on Acoustics, Speech and Signal Processing*. 2014, pages 6359–6363 (94).

[42] Shaofei Xue et al. "Speaker adaptation of hybrid NN/HMM model for speech recognition based on singular value decomposition". In: *Journal of Signal Processing Systems* (2016), pages 175–185 (94).

[43] Dong Yu et al. "KL-divergence regularized deep neural network adaptation for improved large vocabulary speech recognition". In: *IEEE International Conference on Acoustics, Speech and Signal Processing*. 2013, pages 7893–7897 (94).

[44] George Saon et al. "Speaker adaptation of neural network acoustic models using i-vectors." In: *ASRU*. 2013, pages 55–59 (94).

[45] Andreas Stolcke. "SRILM-an extensible language modeling toolkit". In: *Seventh International Conference on Spoken Language Processing*. 2002 (95).

[46] Min Ma et al. "Approaches for neural-network language model adaptation". In: *INTERSPEECH*. 2017, pages 259–263 (95).

[47] Steven Boll. "Suppression of acoustic noise in speech using spectral subtraction". In: *IEEE Transactions on Acoustics, Speech, and Signal Processing* (1979), pages 113–120 (99).

[48] Michael Berouti, Richard Schwartz, and John Makhoul. "Enhancement of speech corrupted by acoustic noise". In: *IEEE International Conference on Acoustics, Speech and Signal Processing*. 1979, pages 208–211 (99).

[49] Bradford W Gillespie and Les E Atlas. "Acoustic diversity for improved speech recognition in reverberant environments". In: *IEEE International Conference on Acoustics, Speech and Signal Processing*. 2002, pages I–557 (99).

[50] Masato Miyoshi and Yutaka Kaneda. "Inverse filtering of room acoustics". In: *IEEE Transactions on Acoustics, Speech, and Signal Processing* (1988), pages 145–152 (99).

[51] Bayya Yegnanarayana and P Satyanarayana Murthy. "Enhancement of reverberant speech using LP residual signal". In: *IEEE Transactions on Speech and Audio Processing* (2000), pages 267–281 (99).

[52] Tomohiro Nakatani et al. "Blind speech dereverberation with multi-channel linear prediction based on short time Fourier transform representation". In: *IEEE International Conference on Acoustics, Speech and Signal Processing*. 2008, pages 85–88 (100).

[53] Jacob Benesty, Jingdong Chen, and Yiteng Huang. *Microphone array signal processing*. 2008 (100).

[54] Kenichi Kumatani, John McDonough, and Bhiksha Raj. "Microphone array processing for distant speech recognition: From close-talking microphones to far-field sensors". In: *IEEE Signal Processing Magazine* (2012), pages 127–140 (100).

[55] Michael L Seltzer, Bhiksha Raj, and Richard M Stern. "Likelihood-maximizing beamforming for robust hands-free speech recognition". In: *IEEE Transactions on Speech and Audio Processing* (2004), pages 489–498 (102).

[56] Bishnu S Atal. "Effectiveness of linear prediction characteristics of the speech wave for automatic speaker identification and verification". In: *the Journal of the Acoustical Society of America* (1974), pages 1304–1312 (104).

[57] Angel De La Torre et al. "Histogram equalization of speech representation for robust speech recognition". In: *IEEE Transactions on Speech and Audio Processing* (2005), pages 355–366 (104).

[58] Hynek Hermansky and Nelson Morgan. "RASTA processing of speech". In: *IEEE Transactions on Speech and Audio Processing* (1994), pages 578–589 (104).

[59] Jacob Benesty, M Mohan Sondhi, and Yiteng Huang. *Springer handbook of speech processing.* 2007 (105).

[60] Xue Feng, Yaodong Zhang, and James Glass. "Speech feature denoising and dereverberation via deep autoencoders for noisy reverberant speech recognition". In: *IEEE International Conference on Acoustics, Speech and Signal Processing.* 2014, pages 1759–1763 (106).

[61] Kun Han et al. "Learning spectral mapping for speech dereverberation and denoising". In: *IEEE Transactions on Audio, Speech, and Language Processing* (2015), pages 982–992 (106).

[62] Bo Wu et al. "A reverberation-time-aware approach to speech dereverberation based on deep neural networks". In: *IEEE Transactions on Audio, Speech, and Language Processing* (2017), pages 102–111 (106).

[63] Mengyuan Zhao et al. "Music removal by convolutional denoising autoencoder in speech recognition". In: *Asia-Pacific Signal and Information Processing Association Annual Summit and Conference.* 2015, pages 338–341 (106).

[64] Mark John Francis Gales. "Model-based techniques for noise robust speech recognition". PhD thesis. University of Cambridge Cambridge, 1995 (108).

[65] Pedro J Moreno, Bhiksha Raj, and Richard M Stern. "A vector Taylor series approach for environment-independent speech recognition". In: *IEEE International Conference on Acoustics, Speech and Signal Processing.* 1996, pages 733–736 (109).

[66] Zhiyuan Tang, Dong Wang, and Zhiyong Zhang. "Recurrent neural network training with dark knowledge transfer". In: *IEEE International Conference on Acoustics, Speech and Signal Processing.* 2016, pages 5900–5904 (109, 137).

[67] Dong Yu et al. "Feature learning in deep neural networks-studies on speech recognition tasks". In: *arXiv preprint arXiv:1301.3605* (2013) (109).

[68] Shi Yin et al. "Noisy training for deep neural networks in speech recognition". In: *EURASIP Journal on Audio, Speech, and Music Processing* (2015), pages 1–14 (110, 112).

[69] Chanwoo Kim et al. "Generation of large-scale simulated utterances in virtual rooms to train deep-neural networks for far-field speech recognition in Google Home". In: *INTERSPEECH*. 2017 (110).

[70] Tom Ko et al. "A study on data augmentation of reverberant speech for robust speech recognition". In: *IEEE International Conference on Acoustics, Speech and Signal Processing*. 2017, pages 5220–5224 (110).

[71] Victoria Fromkin, Robert Rodman, and Nina Hyams. *An introduction to language*. 2018 (111, 161).

[72] P Cohen et al. "Towards a universal speech recognizer for multiple languages". In: *IEEE 1997 Workshop on Automatic Speech Recognition and Understanding Proceedings*. 1997, pages 591–598 (113, 114).

[73] Tanja Schultz and Alex Waibel. "Experiments on cross-language acoustic modeling". In: *Seventh European Conference on Speech Communication and Technology*. 2001 (113, 116).

[74] Tanja Schultz and Alex Waibel. "Polyphone decision tree specialization for language adaptation". In: *IEEE International Conference on Acoustics, Speech and Signal Processing*. 2000, pages 1707–1710 (113).

[75] Hui Lin et al. "A study on multilingual acoustic modeling for large vocabulary ASR". In: *IEEE International Conference on Acoustics, Speech and Signal Processing*. 2009, pages 4333–4336 (113).

[76] Khe Chai Sim and Haizhou Li. "Robust phone set mapping using decision tree clustering for cross-lingual phone recognition". In: *IEEE International Conference on Acoustics, Speech and Signal Processing*. 2008, pages 4309–4312 (114).

[77] Amit Das and Mark Hasegawa-Johnson. "Cross-lingual transfer learning during supervised training in low resource scenarios". In: *Sixteenth Annual Conference of the International Speech Communication Association*. 2015 (116).

[78] Dong Yu and Michael L Seltzer. "Improved bottleneck features using pretrained deep neural networks". In: *Twelfth annual conference of the international speech communication association*. 2011 (116).

[79] Karel Veselý et al. "The language-independent bottleneck features". In: *IEEE 2012 Spoken Language Technology Workshop*. 2012, pages 336–341 (116).

[80] Andreas Stolcke et al. "Cross-domain and cross-language portability of acoustic features estimated by multilayer perceptrons". In: *IEEE International Conference on Acoustics, Speech and Signal Processing*. 2006, pages I–I (116).

[81] Mireia Diez et al. "On the use of phone log-likelihood ratios as features in spoken language recognition". In: *IEEE 2012 Spoken Language Technology Workshop*. 2012, pages 274–279 (116).

[82] Zoltán Tüske et al. "Investigation on cross-and multilingual MLP features under matched and mismatched acoustical conditions". In: *IEEE International Conference on Acoustics, Speech and Signal Processing*. 2013, pages 7349–7353 (117).

[83] Samuel Thomas et al. "Deep neural network features and semi-supervised training for low resource speech recognition". In: *IEEE International Conference on Acoustics, Speech and Signal Processing*. 2013, pages 6704–6708 (117).

[84] Katherine Knill et al. "Language independent and unsupervised acoustic models for speech recognition and keyword spotting". In: (2014) (117).

[85] Andreas Stolcke et al. "Cross-domain and cross-language portability of acoustic features estimated by multilayer perceptrons". In: *IEEE International Conference on Acoustics, Speech and Signal Processing*. 2006, pages I–I (117).

[86] László Tóth et al. "Cross-lingual Portability of MLP-Based Tandem Features–A Case Study for English and Hungarian". In: (2008) (117).

[87] Jui-Ting Huang et al. "Cross-language knowledge transfer using multilingual deep neural network with shared hidden layers". In: *IEEE International Conference on Acoustics, Speech and Signal Processing*. 2013, pages 7304–7308 (118).

[88] Georg Heigold et al. "Multilingual acoustic models using distributed deep neural networks". In: *IEEE International Conference on Acoustics, Speech and Signal Processing*. 2013, pages 8619–8623 (118).

[89] Arnab Ghoshal, Pawel Swietojanski, and Steve Renals. "Multilingual training of deep neural networks". In: *IEEE International Conference on Acoustics, Speech and Signal Processing*. 2013, pages 7319–7323 (118).

[90] Dongpeng Chen and Brian Kan-Wing Mak. "Multitask learning of deep neural networks for low-resource speech recognition". In: *IEEE Transactions on Audio, Speech, and Language Processing* (2015), pages 1172–1183 (118, 119, 121).

[91] Dong Wang and Thomas Fang Zheng. "Transfer learning for speech and language processing". In: *Asia-Pacific Signal and Information Processing Association Annual Summit and Conference*. 2015, pages 1225–1237 (119).

[92] Ying Shi et al. "Map and Relabel: Towards Almost-Zero Resource Speech Recognition". In: *Asia-Pacific Signal and Information Processing Association Annual Summit and Conference*. 2018, pages 591–595 (119).

[93] Mirjam Killer, Sebastian Stuker, and Tanja Schultz. "Grapheme based speech recognition". In: *Eighth European Conference on Speech Communication and Technology*. 2003 (121).

[94] Viet-Bac Le and Laurent Besacier. "Automatic speech recognition for under-resourced languages: application to Vietnamese language". In: *IEEE Transactions on Audio, Speech, and Language Processing* (2009), pages 1471–1482 (121).

[95] Yajie Miao, Florian Metze, and Shourabh Rawat. "Deep maxout networks for low-resource speech recognition". In: *IEEE 2013 Workshop on Automatic Speech Recognition and Understanding*. 2013, pages 398–403 (121).

[96] Tom Ko et al. "Audio augmentation for speech recognition". In: *Sixteenth Annual Conference of the International Speech Communication Association*. 2015 (122).

[97] Tom Ko et al. "A study on data augmentation of reverberant speech for robust speech recognition". In: *IEEE International Conference on Acoustics, Speech and Signal Processing*. 2017, pages 5220–5224 (122).

[98] Anton Ragni et al. "Data augmentation for low resource languages". In: (2014) (122).

[99] Andreas Stolcke. "SRILM-an extensible language modeling toolkit". In: *Seventh international conference on spoken language processing*. 2002 (122).

[100] Mijit Ablimit, Tatsuya Kawahara, and Askar Hamdulla. "Lexicon optimization based on discriminative learning for automatic speech recognition of agglutinative language". In: *Speech communication* (2014), pages 78–87 (123).

[101] Dong Wang. "Out-of-vocabulary spoken term detection". In: (2010) (126).

[102] Tom Fawcett. "An introduction to ROC analysis". In: *Pattern recognition letters* (2006), pages 861–874 (127).

[103] J Robin Rohlicek et al. "Continuous hidden Markov modeling for speaker-independent word spotting". In: *International Conference on Acoustics, Speech, and Signal Processing*, 1989, pages 627–630 (129).

[104] Guoguo Chen, Carolina Parada, and Georg Heigold. "Small-footprint keyword spotting using deep neural networks". In: *IEEE International Conference on Acoustics, Speech and Signal Processing*. 2014, pages 4087–4091 (133).

[105] Yann LeCun, John S Denker, and Sara A Solla. "Optimal brain damage". In: *Advances in neural information processing systems*. 1990, pages 598–605 (135).

[106] Babak Hassibi and David G Stork. "Second order derivatives for network pruning: Optimal brain surgeon". In: *Advances in neural information processing systems*. 1993, pages 164–171 (135).

[107] Jonathan Frankle and Michael Carbin. "The lottery ticket hypothesis: Finding sparse, trainable neural networks". In: *arXiv preprint arXiv:1803.03635* (2018) (135).

[108] Wenlin Chen et al. "Compressing neural networks with the hashing trick". In: *International Conference on Machine Learning*. 2015, pages 2285–2294 (136).

[109] Song Han, Huizi Mao, and William J Dally. "Deep compression: Compressing deep neural networks with pruning, trained quantization and huffman coding". In: *arXiv preprint arXiv:1510.00149* (2015) (136).

[110] Hao Li et al. "Pruning filters for efficient convnets". In: *arXiv preprint arXiv:1608.08710* (2016) (136).

[111] Geoffrey Hinton, Oriol Vinyals, and Jeff Dean. "Distilling the knowledge in a neural network". In: *arXiv preprint arXiv:1503.02531* (2015) (136).

[112] Thomas Elsken, Jan Hendrik Metzen, and Frank Hutter. "Neural architecture search: A survey". In: *arXiv preprint arXiv:1808.05377* (2018) (137).

[113] Andrew G Howard et al. "Mobilenets: Efficient convolutional neural networks for mobile vision applications". In: *arXiv preprint arXiv:1704.04861* (2017) (137).

[114] Mark Sandler et al. "Mobilenetv2: Inverted residuals and linear bottlenecks". In: *Proceedings of the IEEE conference on Computer Vision and Pattern Recognition*. 2018, pages 4510–4520 (137).

[115] Xiangyu Zhang et al. "Shufflenet: An extremely efficient convolutional neural network for mobile devices". In: *Proceedings of the IEEE conference on Computer Vision and Pattern Recognition*. 2018, pages 6848–6856 (137).

[116] Ningning Ma et al. "Shufflenet v2: Practical guidelines for efficient cnn architecture design". In: *Proceedings of the European Conference on Computer Vision*. 2018, pages 116–131 (137).

[117] Mingxing Tan and Quoc V Le. "Efficientnet: Rethinking model scaling for convolutional neural networks". In: *arXiv preprint arXiv:1905.11946* (2019) (137).

[118] Sadaoki Furui. "An overview of speaker recognition technology". In: *Automatic speech and speaker recognition*. 1996, pages 31–56 (140).

[119] Joseph P Campbell. "Speaker recognition: A tutorial". In: *Proceedings of the IEEE* (1997), pages 1437–1462 (140).

[120] Microsoft Redmond. "Speaker Verification: From Research to Reality". In: *Tutorial of Int.conf.acoustics Speech & Signal Processing May* (2001) (142).

[121] 吴朝晖, 杨莹春.《说话人识别模型与方法》, 清华大学出版社. 2009 (143).

[122] Ling Feng and Lars Kai Hansen. *A new database for speaker recognition*. 2005 (144).

[123] Ram H Woo, Alex Park, and Timothy J Hazen. "The MIT mobile device speaker verification corpus: data collection and preliminary experiments". In: *IEEE Odyssey-The Speaker and Language Recognition Workshop*. 2006, pages 1–6 (144).

[124] John J Godfrey, Edward C Holliman, and Jane McDaniel. "SWITCHBOARD: Telephone speech corpus for research and development". In: *IEEE International Conference on Acoustics, Speech and Signal Processing*. 1992, pages 517–520 (144).

[125] Jean Hennebert et al. "POLYCOST: a telephone-speech database for speaker recognition". In: *Speech Communication* (2000), pages 265–270 (144).

[126] Adam Janin et al. "The ICSI meeting corpus". In: *IEEE International Conference on Acoustics, Speech, and Signal Processing, 2003. Proceedings*. 2003 (144).

[127] GS Morrison et al. "Forensic database of voice recordings of 500+ Australian English speakers". In: (2015) (144).

[128] J Bruce Millar et al. "The Australian national database of spoken language". In: *IEEE International Conference on Acoustics, Speech and Signal Processing*. 1994 (144).

[129] Mitchell McLaren et al. "The Speakers in the Wild (SITW) speaker recognition database." In: *INTERSPEECH*. 2016, pages 818–822 (144).

[130] Craig S. Greenberg et al. "The 2012 NIST speaker recognition evaluation". In: *INTERSPEECH*. 2013 (144).

[131] Arsha Nagrani, Joon Son Chung, and Andrew Zisserman. "Voxceleb: a large-scale speaker identification dataset". In: *arXiv preprint arXiv:1706.08612* (2017) (144).

[132] Joon Son Chung, Arsha Nagrani, and Andrew Zisserman. "Voxceleb2: Deep speaker recognition". In: *arXiv preprint arXiv:1806.05622* (2018) (144).

[133] Yue Fan et al. "CN-CELEB: a challenging Chinese speaker recognition dataset". In: *IEEE International Conference on Acoustics, Speech and Signal Processing*. 2020, pages 7604–7608 (144).

[134] Henning Reetz and Allard Jongman. *Phonetics: Transcription, production, acoustics, and perception.* 2011 (145, 146).

[135] Douglas A Reynolds, Thomas F Quatieri, and Robert B Dunn. "Speaker verification using adapted Gaussian mixture models". In: *Digital signal processing* (2000), pages 19–41 (147, 148, 166).

[136] Tomi Kinnunen and Haizhou Li. "An overview of text-independent speaker recognition: From features to supervectors". In: *Speech communication* (2010), pages 12–40 (148).

[137] Patrick Kenny et al. "Joint factor analysis versus eigenchannels in speaker recognition". In: *IEEE Transactions on Audio, Speech, and Language Processing* (2007), pages 1435–1447 (150).

[138] Najim Dehak et al. "Front-end factor analysis for speaker verification". In: *IEEE Transactions on Audio, Speech, and Language Processing* (2011), pages 788–798 (151, 191).

[139] Yun Lei et al. "A novel scheme for speaker recognition using a phonetically-aware deep neural network". In: *IEEE International Conference on Acoustics, Speech and Signal Processing.* 2014, pages 1695–1699 (151).

[140] Patrick Kenny et al. "Deep Neural Networks for extracting Baum-Welch statistics for Speaker Recognition." In: *Odyssey.* 2014, pages 293–298 (151).

[141] Ehsan Variani et al. "Deep neural networks for small footprint text-dependent speaker verification". In: *IEEE International Conference on Acoustics, Speech and Signal Processing.* 2014, pages 4052–4056 (155).

[142] Georg Heigold et al. "End-to-end text-dependent speaker verification". In: *IEEE International Conference on Acoustics, Speech and Signal Processing.* 2016, pages 5115–5119 (156, 159).

[143] Lantian Li et al. "Deep Speaker Feature Learning for Text-independent Speaker Verification". In: *INTERSPEECH.* 2017, pages 1542–1546 (156, 159).

[144] D. Snyder et al. "X-vectors: Robust DNN Embeddings for Speaker Recognition". In: *IEEE International Conference on Acoustics, Speech and Signal Processing (ICASSP).* 2018 (156, 177).

[145] Yingke Zhu et al. "Self-Attentive Speaker Embeddings for Text-Independent Speaker Verification." In: *INTERSPEECH.* 2018, pages 3573–3577 (156).

[146] Mirco Ravanelli and Yoshua Bengio. "Speaker Recognition from raw waveform with SincNet". In: *arXiv preprint arXiv:1808.00158* (2018) (156).

[147] Lantian Li et al. "Cross-lingual speaker verification with deep feature learning". In: *Asia-Pacific Signal and Information Processing Association Annual Summit and Conference*. 2017, pages 1040–1044 (157).

[148] Lantian Li et al. "Full-info training for deep speaker feature learning". In: *IEEE International Conference on Acoustics, Speech and Signal Processing*. 2018, pages 5369–5373 (157).

[149] Lantian Li et al. "Gaussian-Constrained training for speaker verification". In: *arXiv preprint arXiv:1811.03258* (2018) (157).

[150] Yuan Liu et al. "Deep feature for text-dependent speaker verification". In: *Speech Communication* (2015), pages 1–13 (157).

[151] Zhiyuan Tang et al. "Collaborative joint training with multitask recurrent model for speech and speaker recognition". In: *IEEE Transactions on Audio, Speech, and Language Processing* (2017), pages 493–504 (157, 176).

[152] Shi-Xiong Zhang et al. "End-to-end attention based text-dependent speaker verification". In: *Spoken Language Technology Workshop*. 2016, pages 171–178 (159).

[153] Li Wan et al. "Generalized end-to-end loss for speaker verification". In: *IEEE International Conference on Acoustics, Speech and Signal Processing*. 2018, pages 4879–4883 (159).

[154] David Snyder et al. "Deep neural network-based speaker embeddings for end-to-end speaker verification". In: *Spoken Language Technology Workshop*. 2016, pages 165–170 (159).

[155] Florian Schroff, Dmitry Kalenichenko, and James Philbin. "Facenet: A unified embedding for face recognition and clustering". In: *Proceedings of the IEEE conference on Computer Vision and Pattern Recognition*. 2015, pages 815–823 (159).

[156] Wenhao Ding and Liang He. "MTGAN: Speaker Verification through Multitasking Triplet Generative Adversarial Networks". In: *arXiv preprint arXiv:1803.09059* (2018) (159).

[157] Yeshwant K Muthusamy, Etienne Barnard, and Ronald A Cole. "Automatic language identification: A review/tutorial". In: *IEEE Signal Processing Magazine* (1994), pages 33–41 (161).

[158] Dong Wang et al. "Ap16-ol7: A multilingual database for oriental languages and a language recognition baseline". In: (2016), pages 1–5 (163).

[159] Zhiyuan Tang et al. "AP17-OLR challenge: Data, plan, and baseline". In: (2017), pages 749–753 (163).

[160] Zhiyuan Tang, Dong Wang, and Qing Chen. "AP18-OLR Challenge: Three Tasks and Their Baselines". In: (2018), pages 596–600 (163).

[161] Zhiyuan Tang, Dong Wang, and Liming Song. "AP19-OLR Challenge: Three Tasks and Their Baselines". In: (2019) (163).

[162] Mary P Harper and Michael Maxwell. "Spoken language characterization". In: *Springer Handbook of Speech Processing*. 2008, pages 797–810 (163).

[163] Jiri Navratil. "Spoken language recognition-a step toward multilinguality in speech processing". In: *IEEE Transactions on Speech and Audio Processing* (2001), pages 678–685 (163).

[164] D Cimarusti and R Ives. "Development of an automatic identification system of spoken languages: Phase I". In: (1982), pages 1661–1663 (165).

[165] Marc A Zissman. "Comparison of four approaches to automatic language identification of telephone speech". In: *IEEE Transactions on Speech and Audio Processing* (1996), pages 31 (165, 166).

[166] Deepti Deshwal, Pardeep Sangwan, and Divya Kumar. "Feature Extraction Methods in Language Identification: A Survey". In: *Wireless Personal Communications* (2019) (165).

[167] Mary A Kohler and M Kennedy. "Language identification using shifted delta cepstra". In: *The 2002 45th Midwest Symposium on Circuits and Systems*. 2002, pages 3–69 (165).

[168] Marc A Zissman. "Automatic language identification using Gaussian mixture and hidden Markov models". In: (1993), pages 399–402 (166).

[169] P. Matejka et al. "Brno University of Technology System for NIST 2005 Language Recognition Evaluation". In: *IEEE 2006 Odyssey - The Speaker and Language Recognition Workshop*. 2006, pages 1–7 (166, 169).

[170] Najim Dehak et al. "Language recognition via i-vectors and dimensionality reduction". In: (2011) (166).

[171] David Martinez et al. "Language recognition in ivectors space". In: *Twelfth annual conference of the international speech communication association*. 2011 (166).

[172] William M Campbell, Douglas E Sturim, and Douglas A Reynolds. "Support vector machines using GMM supervectors for speaker verification". In: *IEEE Signal Processing Letters* (2006), pages 308–311 (167).

[173] William M Campbell. "Generalized linear discriminant sequence kernels for speaker recognition". In: (2002) (167).

[174] Pedro A Torres-Carrasquillo, Douglas A Reynolds, and John R Deller. "Language identification using Gaussian mixture model tokenization". In: (2002) (167).

[175] Pedro A Torres-Carrasquillo et al. "Approaches to language identification using Gaussian mixture models and shifted delta cepstral features". In: *Seventh International Conference on Spoken Language Processing*. 2002 (167).

[176] M A Zissman and Elliot Singer. "Automatic language identification of telephone speech messages using phoneme recognition and N-gram modeling". In: (1994) (168).

[177] Yonghong Yan and Etienne Barnard. "An approach to automatic language identification based on language-dependent phone recognition". In: (1995) (168).

[178] Dong Zhu, Martine Addadecker, and Fabien Antoine. "Different size multilingual phone inventories and context-dependent acoustic models for language identification." In: (2005), pages 2833–2836 (169).

[179] Tanja Schultz, Ivica Rogina, and Alex Waibel. "LVCSR-based language identification". In: *IEEE International Conference on Acoustics, Speech, and Signal Processing Conference Proceedings*. 1996, pages 781–784 (169).

[180] William M Campbell et al. "High-level speaker verification with support vector machines". In: (2004) (169).

[181] Chin Hui Lee, F. K. Soong, and Bing Hwang Juang. "A segment model based approach to speech recognition". In: *IEEE International Conference on Acoustics, Speech, and Signal Processing*. 1988 (169).

[182] Bin Ma, Haizhou Li, and Chin-Hui Lee. "An acoustic segment modeling approach to automatic language identification". In: (2005) (169).

[183] Haizhou Li, Bin Ma, and Chin-Hui Lee. "A Vector Space Modeling Approach to Spoken Language Identification". In: *IEEE Transactions on Audio, Speech, and Language Processing* (2006), pages 271–284 (169).

[184] Yan Song et al. "I-vector representation based on bottleneck features for language identification". In: *Electronics Letters* (2013), pages 1569–1570 (170).

[185] Luciana Ferrer et al. "Study of senone-based deep neural network approaches for spoken language recognition". In: *IEEE Transactions on Audio, Speech, and Language Processing* (2016), pages 105–116 (170, 171).

[186] Ignacio Lopez-Moreno et al. "Automatic language identification using deep neural networks". In: *IEEE International Conference on Acoustics*. 2014 (172).

[187] Maxim Tkachenko et al. "Language identification using time delay neural network d-vector on short utterances". In: (2016), pages 443–449 (172).

[188] Daniel Garcia-Romero and Alan McCree. "Stacked Long-Term TDNN for Spoken Language Recognition." In: (2016), pages 3226–3230 (172).

[189] Alicia Lozano-Diez et al. "An end-to-end approach to language identification in short utterances using convolutional neural networks". In: (2015) (172, 173).

[190] J. Gonzalez-Dominguez et al. "Automatic language identification using long short-term memory recurrent neural networks," in: *INTERSPEECH*. 2014 (173).

[191] Trung Ngo Trong, Ville Hautamäki, and Kong-Aik Lee. "Deep Language: a comprehensive deep learning approach to end-to-end language recognition." In: *Odyssey*. 2016, pages 109–116 (173, 174).

[192] Wang Geng et al. "End-to-End Language Identification Using Attention-Based Recurrent Neural Networks". In: *INTERSPEECH*. 2016, pages 2944–2948 (173, 174).

[193] Zhiyuan Tang et al. "Phonetic temporal neural model for language identification". In: *IEEE Transactions on Audio, Speech, and Language Processing* (2018), pages 134–144 (175).

[194] Yoshua Bengio et al. "A neural probabilistic language model". In: *Journal of Machine Learning Research* (2003), pages 1137–1155 (175).

[195] Lantian Li et al. "Collaborative learning for language and speaker recognition". In: (2017), pages 58–69 (176).

[196] David Snyder et al. "Spoken Language Recognition using X-vectors". In: *IEEE 2018 Odyssey - The Speaker and Language Recognition Workshop*. 2018, pages 105–111 (177).

[197] Weicheng Cai et al. "UTTERANCE-LEVEL END-TO-END LANGUAGE IDENTIFICATION USING ATTENTION-BASED CNN-BLSTM". In: *IEEE International Conference on Acoustics, Speech and Signal Processing*. 2019 (177).

[198] Weicheng Cai, Jinkun Chen, and Ming Li. "Exploring the Encoding Layer and Loss Function in End-to-End Speaker and Language Recognition System". In: *IEEE 2018 Odyssey - The Speaker and Language Recognition Workshop*. 2018, pages 74–81 (177).

[199] Xiaoxiao Miao, Ian McLoughlin, and Yonghong Yan. "A New Time-Frequency Attention Mechanism for TDNN and CNN-LSTM-TDNN, with Application to Language Identification," in: *INTERSPEECH*. 2019, pages 4080–4084 (177).

[200] Herbert A Simon. "Motivational and emotional controls of cognition." In: *Psychological Review* (1967), pages 29–39 (183).

[201] Stacy Marsella and Jonathan Gratch. "Computationally modeling human emotion". In: *Communications of The ACM* (2014), pages 56–67 (183).

[202] R.W. Picard and R. Picard. *Affective Computing*. 1997 (183).

[203] Smiley Blanton. "The voice and the emotions". In: *Quarterly Journal of Speech* (1915) (183).

[204] Bjorn Schuller. "Speech emotion recognition: two decades in a nutshell, benchmarks, and ongoing trends". In: *Communications of The ACM* (2018), pages 90–99 (183).

[205] Mehmet Berkehan Akç, ay and Kaya Oǧ, uz. "Speech emotion recognition: Emotional models, databases, features, preprocessing methods, supporting modalities, and classifiers". In: *Speech Communication* (2020) (183, 185).

[206] Dimitrios Ververidis and Constantine Kotropoulos. "Emotional speech recognition: Resources, features, and methods". In: *Speech communication* (2006), pages 1162–1181 (183).

[207] Moataz El Ayadi, Mohamed S Kamel, and Fakhri Karray. "Survey on speech emotion recognition: Features, classification schemes, and databases". In: *Pattern Recognition* (2011), pages 572–587 (183, 187, 189, 190).

[208] Shashidhar G Koolagudi and K Sreenivasa Rao. "Emotion recognition from speech: a review". In: *International Journal of Speech Technology* (2012), pages 99–117 (183).

[209] Saikat Basu et al. "A review on emotion recognition using speech". In: (2017), pages 109–114 (183).

[210] Christosnikolaos Anagnostopoulos, Theodoros Iliou, and Ioannis Giannoukos. "Features and classifiers for emotion recognition from speech: a survey from 2000 to 2011". In: *Artificial Intelligence Review* (2015), pages 155–177 (183).

[211] R. Plutchik. "The nature of emotions: human emotions have deep evolutionary roots, a fact that may explain their complexity and provide tools for clinical practice". In: *American Scientist* (2001) (183).

[212] Tickle A. "English and Japanese speaker's emotion vocalizations and recognition: a comparison highlighting vowel quality". In: *ISCA Workshop on Speech and Emotion*. 2000 (183).

[213] Burkhardt F and Sendlmeier W. "Verification of acoustical correlates of emotional speech using formant-synthesis". In: *Proceedings of the ISCA Workshop on Speech and Emotion*. 2000 (183).

[214] Dimitrios Ververidis and Constantine Kotropoulos. "A state of the art review on emotional speech databases". In: *Proceedings of 1st Richmedia Conference*. 2003, pages 109–119 (185).

[215] Felix Burkhardt et al. "A database of German emotional speech". In: (2005) (185).

[216] Ya Li et al. "CHEAVD: a Chinese natural emotional audio-visual database". In: *Journal of Ambient Intelligence and Humanized Computing* (2017), pages 913–924 (185).

[217] John HL Hansen and Sahar E Bou-Ghazale. "Getting started with SUSAS: A speech under simulated and actual stress database". In: (1997) (185, 188).

[218] Fabien Ringeval et al. "Introducing the RECOLA multimodal corpus of remote collaborative and affective interactions". In: (2013), pages 1–8 (185).

[219] Paul Ekman. *Emotion in the human face : guidelines for research and an integration of findings / Paul Ekman, Wallace V. Friesen and Phoebe Ellsworth*. 1972 (186).

[220] P Ekman and H Oster. "Facial Expressions of Emotion". In: *Annual Review of Psychology* (1979), pages 527–554 (186).

[221] Edward R Morrison, Paul H Morris, and Kim A Bard. "The stability of facial attractiveness: is it what you' ve got or what you do with it?" In: *Journal of Nonverbal Behavior* 37.2 (2013), pages 59–67 (186).

[222] James A Russell and Albert Mehrabian. "Evidence for a three-factor theory of emotions". In: *Journal of Research in Personality* (1977), pages 273–294 (186).

[223] David Watson, Lee Anna Clark, and Auke Tellegen. "DEVELOPMENT AND VALIDATION OF BRIEF MEASURES OF POSITIVE AND NEGATIVE AFFECT: THE PANAS SCALES". In: *Journal of Personality and Social Psychology* (1988), pages 1063–1070 (186).

[224] R. E. Thayer. *The Biopsychology of Mood and Arousal*. New York, 1989 (186, 187).

[225] Gary Mckeown et al. "The SEMAINE Database: Annotated Multimodal Records of Emotionally Colored Conversations between a Person and a Limited Agent". In: *IEEE Transactions on Affective Computing* (2012), pages 5–17 (186).

[226]   Michael Grimm, Kristian Kroschel, and Shrikanth Narayanan. "The Vera am Mittag German audio-visual emotional speech database". In: *IEEE International Conference on Multimedia and Expo*. 2008, pages 865–868 (186).

[227]   C. Williams and K. Stevens. "Vocal correlates of emotional state". In: *Speech Evaluation in Psychiatry, Grune and Stratton* (1981), pages 189–220 (188).

[228]   Tom Johnstone and Klaus R Scherer. "Vocal communication of emotion". In: *Handbook of emotions* 2 (2000), pages 220–235 (188).

[229]   Chul Min Lee and Shrikanth S Narayanan. "Toward detecting emotions in spoken dialogs". In: *IEEE Transactions on Speech and Audio Processing* (2005), pages 293–303 (188).

[230]   AM Oster and Arne Risberg. *The identification of the mood of a speaker by hearing impaired listeners*. 1986 (188).

[231]   J. R. Davitz. *The Communication of Emotional Meaning*. 1964 (188).

[232]   Christer Gobl and Ailbhe Ní Chasaide. "The role of voice quality in communicating emotion, mood and attitude". In: *Speech communication* (2003), pages 189–212 (188).

[233]   Martin Borchert and Antje Dusterhoft. "Emotions in speech-experiments with prosody and quality features in speech for use in categorical and dimensional emotion recognition environments". In: (2005), pages 147–151 (188, 189, 195).

[234]   Roddy Cowie et al. "Emotion recognition in human-computer interaction". In: *IEEE Signal Processing Magazine* (2001), pages 32–80 (188).

[235]   Rui Sun, Elliot Moore, and Juan F Torres. "Investigating glottal parameters for differentiating emotional categories with similar prosodics". In: (2009), pages 4509–4512 (188).

[236]   Marylou Pausewang Gelfer and Dawn M Fendel. "Comparisons of Jitter, Shimmer, and Signal-to-Noise Ratio from Directly Digitized Versus Taped Voice Samples". In: *Journal of Voice* (1995), pages 378–382 (188).

[237]   Tin Lay Nwe, Say Wei Foo, and Liyanage C De Silva. "Speech emotion recognition using hidden Markov models". In: *Speech communication* (2003), pages 603–623 (189, 193).

[238]   R Banse and K R Scherer. "Acoustic profiles in vocal emotion expression". In: *Journal of Personality and Social Psychology* (1996), pages 614–36 (189).

[239]   L. Kaiser. "Communication of affects by single vowels". In: *Synthese* (1962), pages 300–319 (189).

[240] Lawrence R Rabiner and Ronald W Schafer. *Digital processing of speech signals*. 1978 (189).

[241] Javier Hernando and Climent Nadeu. "Linear prediction of the one-sided autocorrelation sequence for noisy speech recognition". In: *IEEE Transactions on Speech and Audio Processing* (1997), pages 80–84 (189).

[242] H Teager. "Some observations on oral air flow during phonation". In: *IEEE Transactions on Acoustics, Speech, and Signal Processing* (1980), pages 599–601 (189).

[243] G Zhou, John H L Hansen, and J F Kaiser. "Nonlinear feature based classification of speech under stress". In: *IEEE Transactions on Speech and Audio Processing* (2001), pages 201–216 (189).

[244] John H. L. Hansen. "Nonlinear Analysis and Classification of Speech Under Stressed Conditions". In: *Journal of the Acoustical Society of America* (1999), pages 3392–3400 (189).

[245] Michael Grimm, Kristian Kroschel, and Shrikanth Narayanan. "Support vector regression for automatic recognition of spontaneous emotions in speech". In: *IEEE International Conference on Acoustics, Speech and Signal Processing*. 2007, pages IV–1085 (189, 195).

[246] Florian Eyben et al. "On-line emotion recognition in a 3-D activation-valence-time continuum using acoustic and linguistic cues". In: *Journal on Multimodal User Interfaces* (2010), pages 7–19 (189, 195).

[247] Björn Schuller, Stefan Steidl, and Anton Batliner. "The interspeech 2009 emotion challenge". In: (2009) (190, 191).

[248] Dimitrios Ververidis and Constantine Kotropoulos. "Emotional speech classification using Gaussian mixture models and the sequential floating forward selection algorithm". In: *IEEE International Conference on Multimedia and Expo*. 2005, pages 1500–1503 (190).

[249] Hao Hu, Ming-Xing Xu, and Wei Wu. "Fusion of global statistical and segmental spectral features for speech emotion recognition". In: *Eighth Annual Conference of the International Speech Communication Association*. 2007 (190).

[250] M. S. Kamel. "Segment-based approach to the recognition of emotions in speech". In: *IEEE International Conference on Multimedia and Expo*. 2005 (191).

[251] Rui Xia and Yang Liu. "Using i-vector space model for emotion recognition". In: *Thirteenth Annual Conference of the International Speech Communication Association*. 2012 (191, 192).

[252] Cynthia Breazeal and Lijin Aryananda. "Recognition of affective communicative intent in robot-directed speech". In: *Autonomous robots* (2002), pages 83–104 (192).

[253] Oh-Wook Kwon et al. "Emotion recognition by speech signals". In: (2003) (193).

[254] N. Cristianini and J. Shawe-Taylor. *An Introduction to Support Vector Machines*. 2000 (193).

[255] Chul Min Lee, Shrikanth S Narayanan, and Roberto Pieraccini. "Classifying emotions in human-machine spoken dialogs". In: (2002), pages 737–740 (193).

[256] Björn Schuller. "Towards intuitive speech interaction by the integration of emotional aspects". In: *IEEE International Conference on Systems, Man and Cybernetics*. 2002 (193).

[257] Yashpalsing Chavhan, M L Dhore, and Pallavi Yesaware. "SPEECH EMOTION RECOGNITION USING SUPPORT VECTOR MACHINE". In: *International Journal of Computer Applications* (2010), pages 8–11 (193).

[258] Peipei Shen, Zhou Changjun, and Xiong Chen. "Automatic speech emotion recognition using support vector machine". In: (2011), pages 621–625 (193).

[259] Christopher Bishop. *Neural networks for pattern recognition*. 1995 (193).

[260] Valery A Petrushin. "Emotion recognition in speech signal: experimental study, development, and application". In: (2000) (193, 194).

[261] VLADIMIR HOZJAN and ZDRAVKO KACIC. "Context-Independent Multilingual Emotion Recognition from Speech Signals". In: *International Journal of Speech Technology* (2013), p.311–320 (194).

[262] Chungshien Wu and Weibin Liang. "Emotion Recognition of Affective Speech Based on Multiple Classifiers Using Acoustic-Prosodic Information and Semantic Labels". In: *IEEE Transactions on Affective Computing* (2011), pages 10–21 (194).

[263] Enrique M Albornoz, Diego H Milone, and Hugo Leonardo Rufiner. "Spoken emotion recognition using hierarchical classifiers". In: *Computer Speech & Language* (2011), pages 556–570 (194).

[264] Zhongzhe Xiao et al. "Multi-stage classification of emotional speech motivated by a dimensional emotion model". In: *Multimedia Tools and Applications* (2010), pages 119–145 (194, 195).

[265] Khiet P Truong, David A Van Leeuwen, and Franciska De Jong. "Speech-based recognition of self-reported and observed emotion in a dimensional space". In: *Speech Communication* (2012), pages 1049–1063 (195).

[266] Leimin Tian, Johanna Moore, and Catherine Lai. "Recognizing emotions in spoken dialogue with hierarchically fused acoustic and lexical features". In: (2016), pages 565–572 (195).

[267] Heysem Kaya et al. "LSTM Based Cross-corpus and Cross-task Acoustic Emotion Recognition." In: (2018), pages 521–525 (195).

[268] Srinivas Parthasarathy and Carlos Busso. "Jointly Predicting Arousal, Valence and Dominance with Multi-Task Learning." In: (2017), pages 1103–1107 (195).

[269] Jing Han et al. "Towards Conditional Adversarial Training for Predicting Emotions from Speech". In: (2018), pages 6822–6826 (195).

[270] Yelin Kim and Emily Mower Provost. "Emotion classification via utterance-level dynamics: A pattern-based approach to characterizing affective expressions". In: (2013), pages 3677–3681 (196).

[271] Longfei Li et al. "Hybrid Deep Neural Network–Hidden Markov Model (DNN-HMM) Based Speech Emotion Recognition". In: *Humaine Association Conference on Affective Computing and Intelligent Interaction*. 2013, pages 312–317 (196).

[272] Kun Han, Dong Yu, and Ivan Tashev. "Speech emotion recognition using deep neural network and extreme learning machine". In: *Fifteenth annual conference of the international speech communication association*. 2014 (196, 197).

[273] Jinkyu Lee and Ivan Tashev. "High-level feature representation using recurrent neural network for speech emotion recognition". In: (2015) (196).

[274] WQ Zheng, JS Yu, and YX Zou. "An experimental study of speech emotion recognition based on deep convolutional neural networks". In: (2015), pages 827–831 (196, 197).

[275] George Trigeorgis et al. "Adieu features? end-to-end speech emotion recognition using a deep convolutional recurrent network". In: *IEEE International Conference on Acoustics, Speech and Signal Processing*. 2016, pages 5200–5204 (197, 198).

[276] Michael Neumann and Ngoc Thang Vu. "Attentive convolutional neural network based speech emotion recognition: A study on the impact of input features, signal length, and acted speech". In: *arXiv preprint arXiv:1706.00612* (2017) (197, 198).

[277] Seyedmahdad Mirsamadi, Emad Barsoum, and Cha Zhang. "Automatic speech emotion recognition using recurrent neural networks with local attention". In: (2017), pages 2227–2231 (197).

[278] Qirong Mao et al. "Learning salient features for speech emotion recognition using convolutional neural networks". In: *IEEE Transactions on Multimedia* (2014), pages 2203–2213 (198, 199).

[279] Raghavendra Pappagari et al. *x-vectors meet emotions: A study on dependencies between emotion and speaker recognition.* 2020 (200).

[280] John Gideon et al. "Progressive neural networks for transfer learning in emotion recognition". In: *arXiv preprint arXiv:1706.03256* (2017) (200).

[281] Melissa N Stolar et al. "Real time speech emotion recognition using RGB image classification and transfer learning". In: (2017), pages 1–8 (200).

[282] Jaebok Kim et al. "Towards speech emotion recognition" in the wild" using aggregated corpora and deep multi-task learning". In: *arXiv preprint arXiv:1708.03920* (2017) (200, 201).

[283] Reza Lotfian and Carlos Busso. "Predicting Categorical Emotions by Jointly Learning Primary and Secondary Emotions through Multitask Learning." In: (2018), pages 951–955 (200).

[284] Lantian Li et al. "Deep Factorization for Speech Signal". In: *arXiv preprint arXiv:1706.01777* (2017) (201).

[285] Alan W Black. "Perfect synthesis for all of the people all of the time". In: *Proceedings of 2002 IEEE Workshop on Speech Synthesis*. 2002, pages 167–170 (209).

[286] Keiichi Tokuda ; Yoshihiko Nankaku ; Tomoki Toda ; Heiga Zen ; Junichi Yamagishi ; Keiichiro Oura. "Speech Synthesis Based on Hidden Markov Models". In: *Proceedings of the IEEE* (2013), pages 1234–1252 (210).

[287] Shiyin Kang, Xiaojun Qian, and Helen Meng. "Multi-distribution deep belief network for speech synthesis". In: *IEEE International Conference on Acoustics, Speech and Signal Processing*. 2013, pages 8012–8016 (212).

[288] Yao Qian et al. "On the training aspects of deep neural network (DNN) for parametric TTS synthesis". In: *IEEE International Conference on Acoustics, Speech and Signal Processing*. 2014, pages 3829–3833 (212).

[289] Heiga Ze, Andrew Senior, and Mike Schuster. "Statistical parametric speech synthesis using deep neural networks". In: *IEEE International Conference on Acoustics, Speech and Signal Processing*. 2013, pages 7962–7966 (212).

[290] Heiga Zen and Andrew Senior. "Deep mixture density networks for acoustic modeling in statistical parametric speech synthesis". In: *IEEE International Conference on Acoustics, Speech and Signal Processing*. 2014, pages 3844–3848 (212, 213).

[291] Yuchen Fan et al. "TTS synthesis with bidirectional LSTM based recurrent neural networks". In: *Fifteenth Annual Conference of the International Speech Communication Association*. 2014, pages 1964–1968 (213, 214).

[292] Yuxuan Wang et al. "Tacotron: A fully end-to-end text-to-speech synthesis model". In: *arXiv preprint arXiv:1703.10135* (2017) (214, 215).

[293] Aaron van den Oord et al. "Wavenet: A generative model for raw audio". In: *arXiv preprint arXiv:1609.03499* (2016) (215, 216).

[294] Aaron van den Oord et al. "Parallel WaveNet: Fast high-fidelity speech synthesis". In: *arXiv preprint arXiv:1711.10433* (2017) (215).

[295] Ye Jia et al. "Transfer Learning from Speaker Verification to Multispeaker Text-To-Speech Synthesis". In: *arXiv preprint arXiv:1806.04558* (2018) (215).

索引

A

Acoustic Feature, 声学特征, 10
Acoustic Model, 声学模型, 10
Activation, 激活函数, 63
Analog to Digital Conversion, 模数转换, 5
Attention, 注意力, 23

B

Beam Search, 集束搜索, 63

C

Cepstral Mean and Variance Normalization, 52
Cepstral Mean and Variance Normalization, 谱均值方差归一化, 42
Cepstrum, 倒谱, 57
Classification, 分类, 16
Classifier, 分类器, 63
Coarticulation, 协同发音, 28
Command Recognition, 命令词识别, 126
Computational Graph, 计算图, 33, 63
Connectionist Temporal Classification, 23
Convolution, 卷积, 55
Convolutional Neural Network, 卷积神经网络, 22
Cross Entropy, 交叉熵, 63

D

Decision Tree, 决策树, 13
Decoding Graph, 解码图, 21
Decoding, 解码, 14
Deep Neural Network, 深度神经网络, 16
Deterministic, 确定性, 51
Disambiguation, 消歧, 51
Discrete Cosine Transform, DCT, 离散余

弦变换, 57
Discrete Fourier Transform, 离散傅里叶变换, 7
Discriminative Model, 判别式模型, 16
Dithering, 抖动, 54
Dynamic Feature, 动态特征, 57

E

Emission Probability, 发射概率, 12
Energy, 能量, 57
Envelope, 包络, 57
Expectation-Maximization Algorithm, EM 算法, 15

F

Fast Fourier Transform, FFT, 快速傅里叶变换, 55
Feedforward Neural Network, 前向神经网络, 17
Filter Bank, 滤波器组, 52
Force Alignment, 60
Formant, 共振峰, 7
Frame, 帧, 11
Fundamental Frequency, 基频, 57

G

Gaussion Mixture Model, 高斯混合模型, 14
Generative Model, 生成式模型, 16

H

Hamming Window, 海明窗, 54
Hanning Window, 汉宁窗, 54
Harmonic, 谐波, 57
Hidden Markov Model, 隐马尔可夫模型, 12

I

Inverse Discrete Fourier Transform, 离散傅里叶逆变换, 57

K

Keyword Spotting, 关键词检出, 125

L

Label, 标签, 16
Language Model, 语言模型, 10
Language Recognition, 语种识别, 47
Likelihood, 似然, 16
Linear Discriminant Analysis, 线性判别分析, 61
Long Short-Term Memory, 长短时记忆单元, 25
Long short-time memory，LSTM，长短时记忆单元, 76

M

Maximum Likelihood Estimation, 最大似然估计, 60
Maximum Likelihood Linear Transform, 最大似然线性变换, 61
Maximum Mutual Information, MMI, 64
Mean Squared Error, 均方误差, 63
Mel Filter Bank, 梅尔滤波器组, 56
Mel Frequency Cepstral Coefficient, 梅尔频率倒谱系数, 52
Mel Frequency, 梅尔频率, 56
Mel scale, 56
Minimum Phone Error, MPE, 64

N

N-Gram Grammar, n 元语法, 18
Neural Machine Translation, 神经机器翻译, 27
Nyquist Frequency, 奈奎斯特频率, 55

O

Out Of Vocabulary, 集外词, 51

P

Perceptual Linear Prediction, PLP, 54
Phone, 音素, 12
Posterior Probability, 后验概率, 16
Pre-Emphasis, 预加重, 54
Prior Probability, 先验概率, 16
Probability Density Function, 概率密度函数, 15

Q

Quantization Error, 量化误差, 54
Query By Example, 示例查询, 132

R

Rectangular Window, 矩形窗, 54
Recurrent Neural Network, 循环神经网络, 17
Reference, 推断, 63
Representation Learning, 表征学习, 5
RNN Transducer, RNN-T, 26

S

Senones, 13
Sequence-Discriminative Training, 序列判别训练, 63
Sound Wave, 声波, 3
Speaker Diarization, 说话人追踪, 142
Speaker Identification, 说话人辨认, 141
Speaker Recognition, 说话人识别, 47, 140
Speaker Verification, 说话人确认, 141
Spectral Leakage, 频谱泄漏, 54
Spectral Tilt, 频谱倾斜, 54
Spectrogram, 频谱图, 7, 55
Spectrum, 频谱, 55
Speech Recognition, 语音识别, 9
Spoken Term Detection, 关键词检测, 126
state Minimum Bayes Risk, sMBR, 64
Supervised Learning, 有监督学习, 16

T

Time Delay Neural Network, 时延神经网络, 63
Triangular Filter Bank, 三角滤波器组, 56
Triphone, 三音素, 12

V

Vocal Cord, 声带, 57
Vocal Tract, 声道, 57
Voice Activity Detection, 语音活动检测, 53
Voiceprint Recognition, 声纹识别, 140
Voiceprint, 声纹, 140

W

Wake-up Word Detection, 唤醒词检测, 126
Waveform, 波形图, 6
Weight, 权重, 63
Weighted Finite State Transducer, 加权有限状态转换器, 20, 61
Windowing, 加窗, 54
Word Error Rate, WER, 词错误率, 61

反侵权盗版声明

电子工业出版社依法对本作品享有专有出版权。任何未经权利人书面许可,复制、销售或通过信息网络传播本作品的行为;歪曲、篡改、剽窃本作品的行为,均违反《中华人民共和国著作权法》,其行为人应承担相应的民事责任和行政责任,构成犯罪的,将被依法追究刑事责任。

为了维护市场秩序,保护权利人的合法权益,我社将依法查处和打击侵权盗版的单位和个人。欢迎社会各界人士积极举报侵权盗版行为,本社将奖励举报有功人员,并保证举报人的信息不被泄露。

举报电话:(010)88254396;(010)88258888

传　　真:(010)88254397

E-mail: dbqq@phei.com.cn

通信地址:北京市万寿路173信箱　电子工业出版社总编办公室

邮　　编:100036